❦ 史宁中/著 ❧

第 **4** 辑

SHUXUE SIXIANG GAILUN
SHUXUE ZHONG DE GUINA TUILI

数学中的归纳推理

NORTHEAST NORMAL UNIVERSITY PRESS
WWW.NENUP.COM

东北师范大学出版社 长 春

图书在版编目（CIP）数据

数学思想概论. 第4辑，数学中的归纳推理/史宁中著. —2版. —长春：东北师范大学出版社，2015.3
（2025.7重印）
ISBN 978-7-5681-0374-9

Ⅰ.①数… Ⅱ.①史… Ⅲ.①数学—思想方法—高等学校—教学参考资料 ②数学—归纳推理—高等学校—教学参考资料 Ⅳ.O1-0.

中国版本图书馆CIP数据核字（2015）第007024号

□责任编辑：杨述春 刘晓军　　□封面设计：宋　超
□责任校对：余　天　　　　　　□责任印制：刘兆辉

东北师范大学出版社出版发行
长春净月经济开发区金宝街118号（邮政编码：130117）
网址：http://www.nenup.com
东北师范大学出版社激光照排中心制版
河北省廊坊市永清县晔盛亚胶印有限公司
河北省廊坊市永清燃气工业园榕花路3号（065600）
2015年3月第2版　2025年7月第3次印刷
幅面尺寸：170 mm×227 mm　印张：17.25　字数：198千

定价：55.00元
如发现印装质量问题，影响阅读，可直接与承印厂联系调换

绪论　为了推断的推理　/1

第一讲　原始推理的基础:想象和抽象　/12

 §1.1　人与动物的区别　/14
  是劳动吗？是思维吗？是直立行走吗？容量扩充了的大脑.特殊的发音器官.想象能力.抽象能力.

 §1.2　智力如何形成　/25
  脑的构造.大脑皮层的区域功能.计算机的启发.早期教育.智力开发.

 §1.3　基本思维能力　/33
  智商不是思维的基础.思维是由想象和抽象派生的.爱因斯坦的思考.范仲淹的想象.

 §1.4　直觉有时是不可靠的　/40
  直观不是直觉.直观需要逻辑判断.眼见为实吗？一些几何学的例子.

第二讲　基础思维的对象:类　/47

 §2.1　基于联想的思维　/50
  认识是从观察开始的,想象是从联想开始的.联想的三个定律.联想的结果是类.

 §2.2　通过共相得到类　/58

如何得到类.形式分类.实质分类.自然数的类.方程解的类.

§2.3 通过异相划分类 /70

如何区分类.区分牛和马.有限单群分类.有理数的认识.三角形的认识.

第三讲 知识形成与归纳推理 /84

§3.1 定义与类的关系 /86

类是定义的基础.函数定义的形成过程.点线面定义的形成过程.

§3.2 知识形成过程中的归纳推理 /96

知识与定义的关系.通过"风险"的认知过程理解归纳推理的效能.

§3.3 归纳推理与类的关系 /108

归纳推理与抽象.归纳推理是基于类的推理.归纳推理也作用于类的形成过程.

第四讲 基于一个类的归纳推理 /115

§4.1 结果可能是必然的归纳推理 /118

推理模式.哥德巴赫猜想.费马大定理.

§4.2 如何让学生感悟归纳推理的过程 /130

积累思维的经验.分数的除法.参数方程.计算公式的形成.

§4.3 结果已知是或然的归纳推理 /145

推理模式.废品率的推断.动物数量的推断.社会问题的推断.

第五讲 归纳推理的合理性 /153

§5.1 最大可能性原则 /155

基于概率的思维解释.数学定义的概率.模型中的概率.频率.最

大可能性估计.

§5.2 归纳推理的原理 /166
归纳推理的出发点.自然齐一性原理.概率是事物的属性.平均相等标准.极限相等标准.

§5.3 偶然与必然:一个遗传学的启示 /178
事物的发生形态.必然不可知.孟德尔的思维过程.构建必然的假说.通过偶然验证假说.一个统计学的工具.判断真理的原则.

§5.4 原因与结果:休谟问题 /197
原因是结果的必要条件.原因的层次.原因的界定.联系恒定性原理.因果模型.药物的有效性.经济增长原因.休谟问题的回答.

§5.5 归纳推理的有限性 /223
存在确切观察的不可能的情况.测不准原理.历史的不可重复性.序列延续.混沌.周期.随机游走.

第六讲 基于两个类的归纳推理 /237

§6.1 结论可能是必然的类比 /239
参照另一个类已知结论的推理.类比的推理模式.点的表示与两点间距离.角的大小与向量的内积.球与球的表面.

§6.2 结论已知是或然的类比 /251
参照另一个类可能结果的推理模式.股票价格推断.彩票中奖推断.

§6.3 基于两个类推理的可能性 /258
类比方法与归纳方法的区别.类比方法与归纳方法本质的一致性.《墨经》的启发.如何进行类比方法的教学.

人名索引 /264

绪论　为了推断的推理

阅读提示

人类原发性创造文字的最古老的两河流域文明、尼罗河文明和黄河文明，均没有在他们的思维过程中表现出演绎推理．

归纳推理是按照某些法则进行的前提与结论之间有或然联系的推理．这种推理具有特殊的灵活性，正因如此，归纳推理才可能从事物（事情和实物）的现实出发，对事物的过去或者未来进行推断．而推断是人们得以创造的根本思维方式．

演绎推理是基于"理念"的推理，而归纳推理是基于"事实"的推理；演绎推理是追求"形式"的推理，而归纳推理是追求"实用"的推理；演绎推理是命题所涉及的范围由大到小的推理，而归纳推理是命题所涉及的范围由小到大的推理．对于数学而言，如果说演绎推理是为了证明的推理，那么归纳推理就是为了推断的推理，把这两种推理模式结合起来，就得到了数学推理的全部过程．

归纳推理的本质是，从经验过的东西推断未曾经验过的东西，从事物的过去和现在推断事物的未来．

在数学教育中,无论从时间上还是从内容上都应当对归纳推理给予足够的重视,应当让学生在学习过程中,逐渐感悟出这种推理模式的"自然"属性。

在第三辑,我们讨论了数学证明过程中的推理,即演绎推理。回忆第三辑绪论中关于**演绎推理的定义**:从假设和定义出发,按照某些规定了的法则所进行的、前提与结论之间有必然联系的推理。正因为演绎推理是一种结果必然的推理,因此所有严格的数学证明采用的都是这种推理模式。其中,"按照某些规定了的法则"所进行的推理,意味着演绎推理是由一般到特殊的推理;"前提与结论之间有必然联系"的推理,意味着演绎推理要求前提和结论必须是事先知道的。可是,在我们的日常生活和生产实践中,人们常常关心的问题是:如何从前提出发预测可能得到的结果,或者,如何从已经得到的结果出发探究结果形成的原因。显然,希望"预测"或者"探究"的那些东西并不是事先确切知道的,因此,在"预测"或者"探究"的过程中是无法借助演绎推理的。为了研究问题的方便,我们统称预测和探究为**推断**。不言而喻,人们是通过推断得到新知识的,也是通过推断得到新理论的,因此,推断是人们认识自然的根本思维方式,或者说,推断是人们得以创造的根本思维方式。

在这一辑,我们将从数学的角度讨论推断所依赖的推理模式。虽然这种推理不能成为严格的数学证

▶ 正因如此,如果将培养目标仅仅定位于培养演绎推理的教育,是无法培养创新人才的。

绪论　为了推断的推理

明，但这种推理依然是具有逻辑性的①，我们称这种推理模式为归纳推理．可以这样描述**归纳推理的定义**：从经验和概念出发，按照某些法则所进行的、前提与结论之间有或然联系的推理．比较演绎推理的定义可以看到，归纳推理与演绎推理的出发点是根本不同的．特别是，归纳推理比演绎推理要灵活得多，这是因为：在推理过程中，"概念"是必要的，但不需要抽象为严格的定义；"法则"是必要的，但不需要确立为严格的规定；前提与结果之间的"联系"是必要的，但这种联系可以是或然的．正因为归纳推理具有这种灵活性，才可能从事物（事情和实物）的现实出发，对事物的过去或者未来进行推断．

◀ 前提与结论之间具有或然联系是归纳推理的重要特征．

虽然归纳推理是一种"前提与结论之间有或然联系"的推理，但就结论而言，又可以分为两种情况：一种情况是结论的成立本身可能是必然的；一种情况是结论的成立本身已知是或然的．在这本书中，关于归纳推理的任何一个话题，我们都将分别讨论这两种情况．可以看到，前一种情况的必然性恰恰是需要通过演绎推理给予证明的，因而恰恰是纯粹数学所需要的．对于后一种情况，虽然通过推断得到的结论是或然的，但却是实用的，因为在日常生活和生产实践中，人们对事情决策所遵循的原则并不要求必然成立，只是希望在大多数情况下成立．比如，人们在决策的过程中可以不顾及或然率很小的情况：人们不会因为有

◀ 这两种情况的研究思路是完全不同的，与此对应，验证结果是否正确的方法也是不同的．

---

① 关于逻辑，参见：本书第二辑最后一讲《数学的抽象》．

地震而不建高楼,也不会因为有交通事故而不购买汽车.因此,后一种情况的研究已经成为现代数学的重要内容,包括概率论、统计学、随机分析等等.

对于数学而言,如果说演绎推理是为了证明的推理,那么归纳推理就是为了推断的推理,把这两种推理模式结合起来,就得到了数学的推理的全部过程:从条件出发,借助归纳推理"推断"数学结果的可能性,借助演绎推理"验证"数学结果的必然性.或者,进行一个相反的推理过程:从结果出发,借助归纳推理"推断"数学条件的可能性,借助演绎推理"验证"数学条件的必要性.

▶ 这是一种关于数学推理比较全面的刻画.

在进入正文之前,我们简捷地讨论一个重大的哲学问题,我相信,讨论这个问题对于理解归纳推理是有好处的.这个问题就是:上述的数学推理过程本身是不是必然的?也就是说,如果让人类再一次开始演变的历史,那么,形成的数学推理过程是否会与上面述说的是一样的呢?我想给出的结论是:借助归纳推理进行推断的过程是必然的,而借助演绎推理进行验证这个过程不一定是必然的.在这里,我并没有要否定演绎推理的意思,恰恰相反,我们应当非常珍惜这个"难得的机会"的推理模式.我想,或许正是因为这个"难得",人们就认为演绎推理是数学的根本特征,于是在数学的整个教育过程中都非常强调演绎推理,并且很大程度地忽略了归纳推理.但是,我们不应当

▶ 很多人会对问题的结论感到惊讶,但事实就是如此.

忘记,归纳推理是"自然"的推理模式,是一种"创新"所要依赖的推理模式.因此,在数学教育的过程中,无论从时间上还是从内容上都应当对归纳推理给予足够的重视,应当让学生在学习的过程中,逐渐感悟出这种推理模式的"自然"属性.在这本书中,我们将详细讨论这个问题.

◀ 这句话道出了传统数学教育的弊端.

之所以得到上述结论,第一个论据是基于事实的,因为在这个地球上,原发性地创造了文字的最古老的三大文明,即两河流域文明、尼罗河文明和黄河文明,均没有在他们的思维过程中表现出演绎推理,并且可以设想,如果没有后来的文化交流,这些文明的延续也很可能不会自发地产生演绎推理.在希腊人入侵埃及之前,尼罗河文明即古埃及文明延续了三千多年,在这漫长的岁月中并没有形成演绎推理的思维模式.上述三大文明中只有黄河文明延续下来了,这便是现在中国这方土地上逐渐形成的中华文明,但追溯到明末清初欧几里得①的《几何原本》传入之前②,在中华文明漫长的演变过程中并没有形成演绎推理的

◀ 创造文字是人类文明的重要标志.

陕西科技出版社
2003 年版

---

① 欧几里得(Euclid of Alexandria,约前 330~约前 275),古希腊最享有盛名的数学家,以其所著的《几何原本》(即《原本》)闻名于世.他将公元前 7 世纪以来希腊几何积累起来的丰富成果整理成一个严密的逻辑系统,使几何学成为一门独立的、演绎的科学.除了《原本》之外,他还有不少著作,可惜大都失传.《已知数》是除《原本》之外唯一保存下来的著作,体例和《原本》前 6 卷相近,包括 94 个命题.

② 《几何原本》最早的中文译本完成时间是在明朝万历三十六年,即 1607 年,是意大利传教士利玛窦(Matteo Ricci,1552~1610)与我国数学家徐光启(1562~1633)根据德国人克拉维乌斯(C. Clavius,1537~1612)1574 年拉丁文本《欧几里得原本》合作翻译的,原书 15 卷,他们翻译了前 6 卷,因为主要是平面几何的内容,因此将它定名为"几何原本",也就是从这个译本开始,中文的数学名词中有了"几何"一词.

思维模式,或者说,中国古代的哲人对演绎推理的思维模式不感兴趣.关于这个问题的详细讨论可以参见第三辑的附录.

再比如,我们曾经在第二辑的最后一讲详细讨论了西方的名实之争,问题的核心是,我们得以抽象的那些数学概念本身是如何存在的.有一种说法认为,这些概念是客观存在的,人们通过某种方式发现或者认识了这些概念,因此,这些概念是永恒的存在,是实体;还有一种说法认为,这些概念原本是没有的,是人为创造出来的,因此,这些概念只是名而已,不是实体.前者便是所谓的"唯实论",后者便是所谓的"唯名论".这两派的争论是从古希腊的学者柏拉图①(Plato,前427~前347)和亚里士多德②(Aristotle,前384~前322)开始的,一直延续至今.纵观几千年的西方哲学史,我们似乎可以认定,起源于古希腊的名实之争构建了演绎推理的逻辑基础,也就是说,没有柏拉图和亚里士多德开始的这场争论,就不会有如此规范的演绎推理.但是,在中国的认识论中,根本就没有关于这个命题的讨论.公孙龙子③的《指物论》叙述了中国先秦时代关于定义的认识.那篇文章明确谈道:抽象

▶ 在古代,东方人与西方人的关注点有显著差异.

---

① 柏拉图(Plato,前427~前347),古希腊哲学家、教育家.20岁以后随苏格拉底学习,前后共8年.公元前387年在雅典创办学园,培养了包括亚里士多德在内的一大批学生.一生写了大量著作,其教育思想主要体现在他的《理想国》和《法律篇》等著作中.他有关数学的论述可参见罗素的《西方哲学史》.
② 亚里士多德(Aristotle,前384~前322),古希腊哲学家、科学家,形式逻辑的奠基人.
③ 公孙龙子,相传字子秉,中国战国时期的魏国(今河南省北部)人,活动年代约在公元前320年至前250年间,哲学家,主要著作为《公孙龙子》.

的名是不存在的,存在的是具体的物,名是基于物抽象出来的.在那篇文章中明确地反问道:人们发现了一个新的事物,怎么能同时知道这个事物的名称呢?而不知道名称人们又如何能够讨论这个事物呢?因此,这个事物的名称是由人命名的①.

◀这是一种非常自然的思考问题的方式.

之所以得到上述结论,第二个论据是基于必要性.所谓的必要性,就是考察人们为了发现自然的规律,或为了发现来源于自然的知识,这种推理模式是否是必须的.亚里士多德是演绎推理的集大成者,回顾在第三辑曾经讨论过的亚里士多德给出的演绎推理的经典句式:

凡人都有死.
苏格拉底②是人.
所以,苏格拉底有死.

事实上,对于发现知识而言,这个句式的推理是一点意义都没有的.这个推理模式至多可以在生前判断苏格拉底有死,但亚里士多德在写这个句式的时候,苏格拉底已经死了.事实上,判断"苏格拉底有死"要比判断"所有人有死"容易得多.因此,正常的推理模式应当是从每一个具体的"苏格拉底有死"推断"所

◀这个句式把演绎推理的思维过程抽象到了极致.

---

① 参见:史宁中.论定义中的殊相与共相——公孙龙子〈指物论〉评析[J].古代文明,2009(1):22～26.
② 苏格拉底(Socrates,公元前469～公元前399),古希腊著名的哲学家,他和他的学生柏拉图及柏拉图的学生亚里士多德被并称为"希腊三贤".

有人有死",可以写出推理模式:

苏格拉底是人,苏格拉底有死.
柏拉图是人,柏拉图有死.
亚里士多德是人,亚里士多德有死.
……
所以,凡人都有死.

这样,我们得到了一个新的知识:凡人都有死.可以看到,这种句式的流程与演绎推理的经典句式的流程是完全相反的,这是一种从具体到一般的推理模式.为了讨论问题的方便,我们称这个句式为归纳推理的经典句式.

通过上面两种句式的分析可以看到,**演绎推理是基于"理念"的推理,归纳推理是基于"事实"的推理**.由此,进一步可以知道,**演绎推理是追求"形式"的推理,归纳推理是追求"实用"的推理**.关于演绎推理是基于"理念"的、是追求"形式"的说法似乎有些武断,事实上,这个说法恰恰是形成演绎推理这种思维模式的初衷,正如亚里士多德在《形而上学》中谈到的[①]:

另外,为知而知的知识,属于更可通晓的知识,因

▶ 这是演绎推理与归纳推理的重要区别之一.

---

① 参见:西方哲学原著选读·上[M].北京大学哲学系外国哲学史教研室编译.北京:商务印书馆,1981:119;
也可参见:苗力田主编.亚里士多德全集·第七卷[M].北京:中国人民大学出版社,1993:31.

绪论　为了推断的推理

为想以学为唯一目的的人会选择最完善的知识，即最可通晓的知识.……因此，这种知识从一开始就不是为了创造些什么,……很显然,他们是为了知而求知,并不以实用为目的.可以说,只有在生活必需的那些东西有了保障的时候,人们才开始寻求这种知识.我们追求这种知识并不是为了得到些什么别的好处.正如我们称一个为自己而不为他人存在的人为自由人一样,它是唯一的一门自由的学问,因为它只是为了它自己而存在.

　　我想,亚里士多德所说的是非常确切的,人们只有在衣食无忧的情况下,才可能静下心来观察、思考、推断那些完全为了知而知的知识.关于这一点,几乎同时期的中国古代的哲人们并没有那么好的条件.春秋战国时期,中国大地上征伐不断、民不聊生,因此,中国古代的哲人更关心人世间的事情,关心如何做人的知识,关心如何管理国家的知识,或许这就是中国古代没有出现演绎推理的主要原因.事实上,即便是在衣食无忧的情况下,人们也不一定必然地去探求那些完全为了知而知的知识,因为人们在这种知识中不一定能够直接得到效益,正如现代分析逻辑的奠基人、德国逻辑学家弗雷格(G. Frege, 1848～1925)

◀中国古代更强调悟性,这与研究的内容和研究的目的有关.

所说①：

逻辑规律不是自然规律,而是自然规律的规律.

显然,这里所说的逻辑规律是演绎推理(详细的讨论可以参见第三辑第 5.1 节).因此可以断言,对于认识自然而言,演绎推理是不能直接发挥效能的.

为了更加清晰地把握推理的精髓,我们把两种不同推理的过程简单描述如下:推理的主线是命题之间具有传递性,在这个主线的基础上,演绎推理是命题所涉及的范围由大到小的推理,归纳推理是命题所涉及的范围由小到大的推理.所谓命题范围由大到小或者由小到大,是推理模式从一般到特殊或者从特殊到一般的具体描述,我们可以从演绎推理的经典句式和归纳推理的经典句式中理解这种表述.从逻辑层面考虑,正因为演绎推理是命题范围由大到小的推理,因此通过演绎推理得到的结论是必然的,但不能用于发现新的知识;与此相反,正因为归纳推理是命题范围由小到大的推理,因此通过归纳推理得到的结论是或然的,但能够用于发现新的知识.在第三辑的讨论中

华罗庚②曾经说: ▶ 从具体到抽象是数学发展的一条重要大道.

---

① 参见:[英]迈克尔·达米特著.形而上学的逻辑基础[M].任晓明,李国山译.北京:中国人民大学出版社,2004:2.
　弗雷格,F. L. G. (Frege,Friedrich Ludwig Go—ttlob,1848～1925),德国数学家、逻辑学家和哲学家,数理逻辑和分析哲学的奠基人.
② 华罗庚(1910～1985),江苏金坛人.著名数学家,中国解析数论、矩阵几何学、典型群、自安函数等多方面研究的创始人和开拓者,代表著作为《堆垒素数论》.

绪论　为了推断的推理

我们可以感悟到,演绎推理的逻辑性集中表现在命题之间的传递性,通过这本书的讨论我们也将知道,归纳推理的逻辑性也体现在命题之间的传递性.

◀ 这一点是逻辑的集中表现,但这一点很容易被人们忽略.

虽然我们认为归纳推理是一种"自然"的推理模式,但其中存在着一个重大的哲学问题,就是归纳推理的"合理性"问题.归纳推理的本质是,**从经验过的东西推断未曾经验过的东西,从事物的过去和现在推断事物的未来,或者从事物的现在推断事物的过去**.那么就产生了这样的问题:这种推断本身是合理的吗?这个问题似乎是不可论证的,一方面,这种合理性是不能通过演绎方法证明的,否则归纳推理也可以归入演绎推理的范畴;另一方面,这种合理性也不能通过归纳方法证明,否则将成为无限的循环论证.这个问题最早是英国哲学家休谟[①](David Hume,1711~1776)提出来的,因此这个问题被称做休谟问题,有时,人们也称其为归纳问题.在这本书中,我们将尝试回答这个问题.

如果我们认为归纳推理是一种"自然"的推理模式,那么,关于归纳推理的讨论就应当从探寻人类最为原始的推理形态开始.

---

① 休谟(David Hume,1711~1776),18世纪英国哲学家、历史学家、经济学家,近代不可知论的著名代表.著有《人性论》(1739~1940)、《人类理智研究》(1748)和死后出版的《论灵魂不死》等.

第一讲 原始推理的基础：想象和抽象

阅读提示

一般来说，为了分析人的原始意识和本能行为，需要研究人与动物的共性；为了分析人之所以能够成为人的本质，需要研究人与动物的区别。人与动物最大的区别在于：两个特别的生理器官，即扩充了脑容量的大脑和喉位较低的发音器官；两个特别的行为方式，即工具制造和语言交流；两个特别的思维能力，即想象能力和抽象能力。

儿童早期教育的主要任务是对儿童的智力开发，其主要目的是帮助儿童构建未来学习、思考、判断、行动所需要的各种功能，形象地说，就是帮助儿童激活大脑的各个功能部位，并且打通各个部位之间的联络。基本思维能力是存在的，这就是想象能力和抽象能力，我们可以这样推理：如果想象能力和抽象能力是人与动物关于思维方面的最根本的区别，那么，人所独有的其他的思维能力就必然是这两个基本能力的派生。

人的直觉是不可靠的，因为没有逻辑支撑。具有逻辑支撑的直觉为直观，直观是比直觉更高一个层次

第一讲 原始推理的基础:想象和抽象

的概念.直觉来源于人的先天本能,直观来源于人的后天经验.

我本来想用原始思维这个词作为这一讲的题目,可惜这个词已经被法国哲学家列维-布留尔(Lucien Levy－Bruhl,1857～1939)①作为他的一本书的书名.列维-布留尔从人类学特别是从社会学的角度讨论并且确定原始人思维的最一般规律,称其为原始思维.为此,他还讨论了研究原始思维的指导原则以及这些指导原则在制度和风俗中的表现②.可以看到,原始推理是比原始思维更高一个层次的话题,因此,列维-布留尔的论述与我们的讨论没有更多的关联.在这一讲我们将要讨论的问题是:人之所以能够演化成为现代的人所必备的思维模式是什么,进一步,所必备的推理模式又是什么.为此,我们就必须首先讨论人与动物的最大区别是什么.显然,这里所说的动物是指除了人以外的所有动物.一般来说,为了分析人的原始意识和本能行为,需要研究人与动物的共性;为了分析人之所以能够成为人的本质,需要研究人与动物的区别.

◀ 这里给教育学提出了一个问题:教育是应当回归于人的本性,还是应当彰显人与动物的区别?

---

① 列维-布留尔(Lucien Levy－Bruhl,1857～1939),俄裔法国社会人类学家、哲学家.他读了司马迁的《史记》法文译本以后,对于《史记》中关于星象与人事直接有关的记述大为震惊.
② 参见:列维-布留尔著.原始思维[M].丁由译.北京:商务印书馆,1981:绪论.

§1.1 人与动物的区别

每个人都会赞同这样的命题:人是可以与其他所有动物区分的. 但是,如何区分人与动物呢? 最基本的标志是什么呢? 这是一个非常基本的问题,这也是一个非常难以回答的问题,至今为止,对这个问题也没有一个统一的说法. 下面,我进行一些尝试性的论述,得到的结论不一定是正确的,但无论如何,分析的过程对于探寻人类推理的基本特征是有好处的.

▶ 有些事情是非常明显的,却又很难表述确切,因为很难抽象出事情的本质特征.

传统的说法认为:人与动物最大的区别是人会劳动. 这种说法对于鼓励孩子热爱劳动是有益的,可是,我们很难对"劳动"给出一个明确的定义. 一种动物是否会劳动完全是人的判断,这种判断影响不了动物的生存状态. 人们通常称一类蚂蚁为工蚁,这不就意味着这是一类会"工作"的蚂蚁吗? 工作不是劳动吗? 有一首非常流行的儿歌说得更明确:小蜜蜂爱劳动. 如果认为这种劳动没有使用工具,是低级的[1],那么我们知道,猩猩会把细枝条插到蚂蚁洞穴中"钓"蚂蚁,这不是使用工具吗? 前年我到宁夏,游览了银川附近的沙湖,那里有一种被称为"长脖老等"的水鸟[2],总是

---

[1] DNA 测试表明,在一个蚁群中工蚁与兵蚁的基因是不同的,因此,很可能是本能和习性左右着他们各自的行为.

[2] 长脖老等的学名为苍鹭,几乎遍及我国各地,在南方繁殖的种群为留鸟,在北方繁殖的种群为候鸟.

第一讲 原始推理的基础:想象和抽象

站在浅水沙滩上一动不动.当地人告诉我,有许多长脖老等的爪下踩着蚯蚓之类的小虫子,它们在等鱼儿来吃虫子然后吃鱼,这不就是在钓鱼吗?这不就是劳动吗?更让人吃惊的是,在一本书中记载了这样的事情①:

> 美洲有数百种以培养真菌为生的蚂蚁,每个培养真菌的蚂蚁部落都有各种精细分工的工蚁来养护真菌.最早的蚂蚁"种植者"出现于大约5000万年前.蚂蚁们在巢穴中种植小蘑菇,为蘑菇清除杂草,甚至喷涂除草剂.当待婚的女王蚁举行婚飞时,为了为未来建立自己的新部落作准备,临"出嫁"前她会携带上一片"娘家"的真菌种,将来播种在自己巢穴的真菌温床上.

如果这个记载是真实的,那么,远在人类出现以前很长的时间,蚂蚁就已经会"种植"了.种植应当是不折不扣的劳动,因此,用劳动来区别人和动物是不可以的.

◀事实上,仿生学的许多研究成果都是令人吃惊的.

还有一种普遍的说法认为:人与动物最大的区别是人会思维.可惜的是,是否会思维这件事也是很难界定的.对于动物的许多行为,我们很难界定是因为思维的结果,还是由于本能、习性或者模仿的结果.达

---

① 参见:史蒂文·琼斯著.达尔文的幽灵[M].李若溪译.北京:中国社会科学出版社,2004:159.

查尔斯·罗伯特·
达尔文

尔文①(C. Darwin,1809~1882)在 1871 年出版的著作《人类的由来》中记载了这样的事情②:猎人射猎两只野鸭,都击中了翅膀掉在河的对岸,他的猎狗游过河取回,但它不可能把两只野鸭都活着衔回来,那只狗犹豫了一下,咬死一只放在那里,把另一只活着衔回,然后再次回去取那只被咬死的.我们如何判断这只猎狗的行为呢? 它所表现的行为是不是思维的结果呢?

行为科学家普遍认为,如果意识到自我的存在,那么这种意识应当是思维的结果.美国心理学家盖洛普③(Gordon Gallup)一天早晨刮胡子突然想到了下面的实验:给动物的额头上涂一个红点,然后让这个动物照镜子,如果动物把镜子中的映像看做另一个体,那么这个动物会感到奇怪并且去摸镜子;但是,如果这个动物认识到映像是自己,那么,这个动物就会摸自己的额头上的红点.于是盖洛普用一只黑猩猩做实验,黑猩猩的行为表明它认识到了自己的存在④.后来,这个只有两页的实验报告成为动物心智能力研究

▶ 提出一个假说,然后通过实验或试验来验证假说,这是现代科学发现的重要途径.

---

① 达尔文(Charles Darwin ,1809~1882),英国生物学家、进化论的主要奠基人、机能心理的理论先驱.曾乘贝格尔号舰作了历时 5 年的环球航行,对动植物和地质结构等进行了大量的观察和采集.出版了《物种起源》这一划时代的著作,提出了生物进化论学说.
② 参见:达尔文著.人类的由来[M].潘光旦,胡寿文译.北京:商务出版社,2008:117.
③ 盖洛普(Gordon Gallup Jr.).美国纽约州立大学的心理学家.20 世纪 70 年代,他重新拾起了达尔文以黑猩猩照镜子的实验,并加以改进.
④ 参见:Cordon G. Gallup, *Chimpanzees: Self-Recognition*,Science, Vol. 167,1970:86~87. 意识到自我的存在,更进一步,把自己作为认知对象,在哲学上往往会使人陷入困境,详细的讨论参见:本丛书第三辑的附录.也可参见:塔西奇著.后现代思想的数学根源[M].蔡仲,戴建平译.上海:复旦大学出版社,2005:17~18.

第一讲 原始推理的基础:想象和抽象

的里程碑.

以研究古人类学著名的利基家族中的一员理查德·利基①(Richard Leakey,1944~)写了一本很有影响的书《人类的起源》. 其中谈到,许多灵长类学者在南非考察时发现,狒狒具有欺骗行为:狒狒在吃香蕉的时候,看到同伴过来,会把香蕉藏起来,然后装做若无其事的样子,等同伴走后再继续吃自己的香蕉②. 欺骗的行为当然要依赖思维,因此,用思维来区别人和动物也是不可以的.

达尔文提出的生物进化论的学说,彻底地改变了人们对于世界的认识. 关于人类的起源,达尔文认为人类是由古猿逐渐演变过来的,演变的动力就是生存竞争、适者生存. 达尔文的影响无疑是巨大的,也是深远的. 但是在一些具体的细节上,对于达尔文的论述还是可以商榷的. 现在,让我们来回顾达尔文的论述. 在《人类的由来》这本著作中,达尔文认为两足行走、脑容量增大和劳动技能是协调产生和发展的,他说③:

▶ 恩格斯将"进化论"列为19世纪自然科学的三大发现之一. 另两个分别是细胞学说、能量转化守恒定律.

人所以能在世界上达成今天的主宰地位,主要是

---

① 理查德·利基(Richard E. Leakey,1944~),英国人,其家族以研究古生物著称. 他是利基家族的重要成员,是利基夫妇的二儿子,其父母为了找寻早期人类化石在东非度过了人生的大部分时光. 他从呱呱坠地起就随父母在野外生活,对于古人类遗存和化石相当熟悉.
② 参见:理查德·利基著. 人类的起源[M]. 吴汝康,吴新智,林升圣译. 上海:上海科学技术出版社,2007:137~138.
③ 参见:达尔文著. 人类的由来[M]. 潘光旦,胡寿文译. 北京:商务出版社,2008:68;也参见:理查德·利基著. 人类的起源[M]. 吴汝康,吴新智,林升圣译. 上海:上海科学技术出版社,2007:3.

由于他能够运用双手,它们能如此适应于人的意向,敏捷灵巧,动止自如.贝耳爵士支持这样的说法:手提供了一切工具,又因其与理智表里一致,给人带来了统治天下的地位.但是,如果手和手臂只是习惯地用来支撑体重或者特别适合攀树,那么,手和手臂就不能变得足够完善以制造武器或者有目的地投掷石块和矛.

不言而喻,在人的形成过程中,强调"两足行走和手的功能"的重要性是正确的,但是达尔文在强调手的功能的同时强调了脑的功能,认为相互之间是协调发展的,特别是强调了石器的制造是推动两足行走和脑扩充的重要原因,因此达尔文的这种观点被称为"一揽子"论点.基于这个论点,可以认为古猿演变为人经历了漫长的历史,至少有几千万年的时间,后来人们普遍接受了这个论点.

到了20世纪60年代后期,美国的两位生物化学家威尔逊[1](Allan Wilson,1934~1991)和博士生萨里奇[2](Vincent Sarich)的研究则完全改变了人们的看法.这两位学者不是通过化石,而是比较现代人和非洲猿的血红蛋白、白蛋白、转铁蛋白的结构,通过结构

---

[1] 阿兰·查尔斯·威尔逊(Allan Charles Wilson,1934~1991),新西兰人,主要在美国伯克利分校的生物化学系工作.作为使用分子生物学手段(DNA测序和PCR扩增技术)来研究生物进化以及重建系统发育的开拓者,是战后备受瞩目的生物学家之一,是获得麦克阿瑟基金会天才奖(MacArthur "Genius" Award)唯一的新西兰人.

[2] 萨里奇(Vincent Sarich),加州大学人类学系教授,曾师从威尔逊,并与他一起,通过比较现代人类和非洲猿类的血液蛋白的分子结构,得出了人猿分离时间为距今约500万年前的结论.

第一讲　原始推理的基础:想象和抽象

上的差别程度,计算突变的速率①. 显然,人与猿分离的时间越久,则突变积累的次数就越多,因此可以用血液蛋白的资料作为一种计算基因突变的分子钟. 他们通过实验和数据分析得到的结论是:最早人类物种的出现,大约距今 500 万年(后来推前到 700 万年).

现在,我们归纳一下根据上述两种论点所推断的结论. 按照达尔文"一揽子"的论点,如图 1.1(图中的时间单位是百万年)中的 A 所示,大约 3000 万年以前,由古猿物种(ANCESTOR)分化为非洲猿(APE)、人科物种(MAN)和亚洲猿(MONKEY). 根据威尔逊和萨里奇"分子钟"的分析,如图 1.1 中的 B 所示,大约 3000 万年以前(后来缩到 1500 万年以前),人和非洲猿的共同祖先与亚洲猿分化,大约 500 万年前,人

◁ 对于自然界中许多规律性的结论,光凭借想象是不够的,光凭借推理也是不够的,必须得到现实的验证.

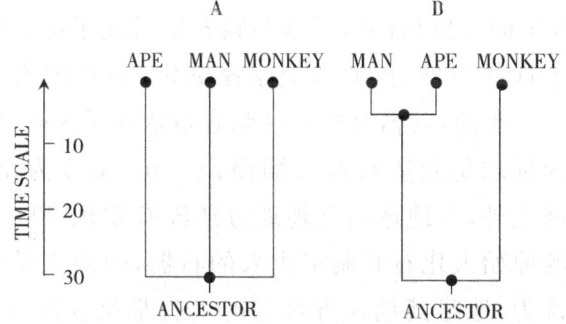

图 1.1　两足直立行走动物分化图

---

① 参见:V. M. Sarich and A. C. Wilson, *Immunological time scale for hominid evolution*, Science, 1967:1200~1203; 也可参见:A. C. Wilson and V. M. Sarich, *A molecular time scale for human evolution*, Proceeding of the National Academy of Sciences of the United States of America, 1963:1088~1093.

类物种才与非洲猿物种分化.近些年来的考古发现,验证了威尔逊和萨里奇的分析.因此,用两足行走来区别人和动物也是不可以的.

事实上,归纳现代的研究成果,我们可以认为:人之所以能够成为现代的人,**有两个重要的物质基础,那就是扩充了脑容量的大脑和喉位较低的发音器官**,以及在这个基础上的行为变化.

通过对化石的研究表明,直到原始人出现之前,所有的两足行走的猿的脑都比较小,以吃植物性食物为主.也就是说,大约在 500～700 万年前生活在非洲的南方古猿只是行走方式像人,除此之外,则没有一点是像人的.大约在 250 万年前,在东部非洲出现了脑容量增大了一倍以上的原始人,其成人脑容量已经达到 800 毫升,接近现代人的成人脑容量 1350 毫升.无独有偶,至今发现的最早的制造石器也是在大约 250 万年前,可以推测,是这些脑容量增大了的原始人制造了这些石器,因此人类学家断定,最早的人类出现在 250 年前,其器官标志是脑容量达到了 800 毫升,其行为标志是制造石器[①].顺便说一句,至今为止,除了非洲之外,在地球的其他地方还没有发现 200 万年以上的原始人化石和制造出来的石器,因而人类学家普遍认为,地球其他地方最初的人类都是在距今 200

▶ 现代人类的出现,完全是偶然的吗?

---

① 参见:理查德·利基著.人类的起源[M].吴汝康,吴新智,林升圣译.上海:上海科学技术出版社,2007:25～38.

第一讲　原始推理的基础：想象和抽象

万年开始,陆续从非洲走出来的①.

制造工具是一件非常了不起的事情,动物会使用工具,但是动物不会制造工具.人类学家曾经长时间训练黑猩猩制造工具,但至今为止,它们打造出来的东西也不能与原始人制造的石器比美②.制造石器是需要想象力的,需要挑选形状合适的石头,然后根据石头的形状决定正确的角度进行打击,因此,在石器制作之前,就必须想象出成品的样式.关于这个问题,马克思③(Karl Marx,1818～1883)有一段非常精辟的论述④:

◀ 这个差异是人与动物的根本性差异.

最蹩脚的建筑师从一开始就比最灵巧的蜜蜂高明的地方,是他在用蜂蜡建筑蜂房以前,已经在自己的头脑中把它建成了.劳动过程结束时得到的结果,在这个过程开始时就已经在劳动者的表象中存在着,即已经观念地存在着.

马克思

由此可以认为,人之所以成为人,第一要点是有

---

① 近些年来,通过线粒体 DNA 分析女性,通过 Y 染色体分析男性,一部分人类遗传学家认为现代人大约在 10 多万年前出现在非洲,大约在 5～6 万年前其中的一部分人群离开非洲走向世界各地,并且逐渐取代了当地的人类,参见：Gary Stix, *Traces of a distant past*, Scientific American, July 2008:56～63,当下这个说法很流行.但是我想,这个说法很可能是不对的,因为许多散布在世界各地的 500 万年前离开非洲的各种猿类没有灭绝,为什么偏偏是智商更高的 200 万年前离开非洲的原始人类反而全部灭绝了呢？
② 参见：理查德·利基著.人类的起源[M].吴汝康.吴新智.林升圣译.上海：上海科学技术出版社,2007:35.
③ 卡尔·马克思(Karl Marx 1818～1883),出生于德国特利尔城,去世于英国伦敦.哲学家、革命理论家、经济学家,马克思主义的创始人,著有《资本论》《共产党宣言》等著作.
④ 参见：马克思恩格斯全集：第二十三卷[M].北京：人民出版社,1972:202.

> 这个推论是直接的,也是必要的,特别是针对现代教育的基本原则而言.

扩充脑容量的大脑和基于大脑的工具制造.如上所述,制造工具是需要想象能力的,因此,"想象"就应当是人类最基本的,因而是最普遍的思维形态;进一步,就教育特别是早期阶段的教育而言,想象能力的培养就应当是非常重要的了.我们将在下一节仔细地讨论这个问题.

其次,任何人都不会否认,人与动物最大的区别之一是人会说话.传统的说法认为,是因为生产劳动的需要使得人类学会了说话,因为人类会说话必然具有生存优势,就像达尔文的"一揽子"论点认为的那样.但事实并非如此,人会说话最根本的原因是人类的发生器官与其他动物有本质的区别.下面的论述参照了利基的《人类的起源》:除了人以外的所有哺乳动物,喉位于喉咙的高处,因此这些动物可以同时饮水和呼吸,但只具有简单的发音功能;人的喉位于喉咙的低处,使得人类大大地提高了发音功能,但不能同时饮水和呼吸,因为会引发窒息.特别有意义的是,人类婴儿却像哺乳动物一样,喉在喉咙的高处,所以婴儿能够一边吃奶一边呼吸,但到了18个月以后,喉开始向喉咙的下部移位,大约到了14岁的时候,到达成年人的位置①.正因为人类有了扩充了脑容量的大脑,又有了很好的发音功能的器官,使得人类能够进行复杂的语言交流.

---

① 参见:理查德·利基著.人类的起源[M].吴汝康,吴新智,林升圣译.上海:上海科学技术出版社,2007:117.

第一讲 原始推理的基础:想象和抽象

显然,大脑的逐渐发达与语言能力的逐渐提高是相互依赖、相辅相成的,正如美国神经学家特伦斯·迪肯①(Terrence Deacon)在《人类进化》杂志发表的文章中所说②:

◀语言交流是信息交流最原始,因而也是最重要的方式,因此,语言交流是教育的核心方式.

语言能力是在大脑和语言相互作用下,经过一个漫长时间(至少 200 万年)的持续选择过程逐渐进化而来的.

但是,至今为止的考古发现,还不能确认人类的发音器官是在什么时候形成的,从上面的引文知道,迪肯关于时间的判断略晚于人类的大脑开始扩充的时间.回忆在第三辑第一讲中的讨论,我们认为,至少在 35000 年前,即旧石器时代的晚期,人类就能够进行语言交流了,当然,这里所说的语言交流是指复杂的、与动物的发音有着本质区别的语言交流.

能够进行复杂的语言交流对于人类的成长是极为重要的,其作用怎么估量都不过分.如符号美学的创始人、德国哲学家恩斯特·卡西尔③(Enst Cassirer,

---

① 特伦斯·迪肯(Terrence Deacon),美国马萨诸塞州贝尔蒙特医院的神经学家,他在 1989 年发表于《人类进化》杂志(Human Evolution)上的一篇论文提出了"在人类进化过程中变化最大的脑的结构反映了口语对于计算的特殊要求"等观点.
② 参见:T. W. Deacon, *The neural circuitry underlying primate calls and human language*[J], Human Evolution, 1989, No. 5:367~401.
③ 恩斯特·卡西尔(Enst Cassirer,1874~1945),德国哲学家和哲学史家,符号美学的创始人,是西方学术界公认的 20 世纪以来最重要的哲学家之一.其代表性著作有《自由与形式》、《神话思维的概念形式》、《语言与神话》、三卷本《符号形式的哲学》及其简写本《人论》.

1874~1945)所说[①]:

> 尽管语言无法以其自身的手段产生科学知识,甚至也无法触及科学知识,但是,语言却是通往科学知识之途的必经阶段,语言是对事物知识得以生成和不断增长的唯一中介.命名行为是不可或缺的首要步骤和条件,而科学的独特工作就是建立在这种明确限定行为之上.

因此可以认为:人之所以成为人,第二要点是有完备的发音器官和基于这些器官的语言交流.可是,这种语言交流对于思维的具体作用是什么呢？我想,语言交流最重要的作用就是使得人类具有了抽象能力.关于"想象"和"抽象"之间的关系,我们可以作这样的推测:人类最初的想象是基于实物的,也就是说,人类最初能够想象出来的东西只是一些具体的东西.后来,人们能够进行语言的交流了,为了进行语言交流就必须把那些具体的东西抽象为概念,否则是无法交流的.比如在生产实践中,为了问询他人制作石器的方法,或者告诉他人自己制作石器的经验,就必须创造出诸如石器这样的概念.而有了概念,人类的想象就会变得更加丰富,这又促进了语言的交流能力,进而促进了人类的抽象能力.在这些基础上,人类逐渐形成了建立在思维基础上的判断能力,进而逐渐形

▶ 由具体到抽象,再由抽象回归具体,这个思维过程的形成需要后天经验的积累.

---

① 参见:恩斯特·卡西尔著.人文科学的逻辑[M].沉晖,等译.北京:中国人民大学出版社,2004:53.

第一讲 原始推理的基础:想象和抽象

成了推理的能力.当然,这个过程是相当漫长的,这个过程中也必然会促进大脑和发音器官的不断完善.

综上所述,人与动物最大的区别在于:**两个特别的生理器官,即扩充了脑容量的大脑和喉位较低的发音器官;两个特别的行为方式,即工具制造和语言交流;两个特别的思维能力,即想象能力和抽象能力**.很显然,生理器官、行为方式和思维能力这三者之间是互相促进、相辅相成的,并且可以断言,这三者的发展与人们长期的生活环境、生存状态,以及与其相适应的文化背景有关.如果必须要在这三者之间分出层次的话,大概可以说:生理器官是基础,行为方式是表象,思维能力是本质.但无论如何,这三者是一个统一体,如我们在第二辑最后一讲所讨论的那样,笛卡儿①(R. Descartes,1596~1650)认为精神和身体可以分离是不对的:生理学与心理学是不可分割的.那么,就一个人而言,他或者她的智力是如何形成的呢?

笛卡儿

§1.2 智力如何形成

自从人类有了扩充了脑容量的大脑之后,人类的智力就要远远地超过其他动物.就大脑的构造而言,

---

① 笛卡儿(Descartes,Rene,1596~1650),法国哲学家、物理学家、数学家、生理学家.解析几何的创始人,欧洲近代资产阶级哲学的奠基人,黑格尔称他为"现代哲学之父".他自成体系,融唯物主义与唯心主义于一炉,在哲学上产生深刻影响.同时,他是一位勇于探索的科学家,是17世纪欧洲科学界、哲学界的巨匠之一,被誉为"近代科学的始祖".

智力的功能主要体现在大脑皮层.大脑的实体大部分是绝缘物质,这些厚厚的绝缘物质把联结大脑各部分的"导线"很好地包裹起来,因为导线的绝缘越好则信号传递越快.大脑皮层则是薄薄的,大约只有 2 毫米,比橘子皮还要薄.大脑皮层像核桃肉那样布满了深浅不一的褶皱,如果把成人的大脑皮层铺开,大约有四张 A4 纸那么大,与人类渊源最亲的黑猩猩的大约有一张 A4 纸那么大,猴子的像明信片那么大,而老鼠的只有邮票那么大.大脑皮层上布满细网格,每个网格中神经元的个数大体相同[1].

▶ 从一个简单的现象出发,往往可以得到非常深刻的结论.

大脑皮层分为左右两个部分,通常称为左半球和右半球.近代脑科学的研究告诉我们,大脑的不同部位所表现的功能是不同的.法国外科医生、人类学家皮埃尔·保罗·布洛卡[2](Pierre Paul Broca,1824~1880)发现了这样一个病人:可以理解语言,但不能说话.这个病人可以对个别词发音和哼曲调,但不能述说完整的句子.通过尸体解剖发现,这个病人大脑的左半球额叶后部有一个鸡蛋大小的损伤区,但右半球正常.后来,布洛卡相继研究了 8 个病人,情况相同.1864 年,布洛卡发表了他的研究成果,并提出了一条著名的脑机能原理:我们用左半球说话.这是说明大脑皮层中特定区域具有特定功能的第一个具有说服

---

[1] 参见:威廉·卡尔文著.大脑如何思维[M].杨雄里,梁培基译.上海:上海科学技术出版社,2007;13.

[2] 皮埃尔·保罗·布洛卡(Pierre Paul Broca,1824~1880),法国外科医生、人类学家,现代脑外科手术的创立者,是世界上第一个做环钻(开颅)以治疗脑脓肿的外科医生.

第一讲 原始推理的基础:想象和抽象

力的研究,后来人们称这个区域为布洛卡(Broca)表达性失语区,或者简称布洛卡(Broca)区①。现在,人们已经在大脑皮层逐渐发现了各种功能区域,比如视觉区、听觉区、体觉区等等.

现代脑科学的研究就更加仔细了,甚至发现不同的思维模式使用大脑皮层的不同部位,比如,法国认知神经学家德阿纳②(Stanislas Dehaene)采用磁共振成像技术,对于人在进行精算和估算时脑激活状况进行考察时发现:精算主要激活左额叶下部,这与大脑的语言区有明显重叠;估算主要激活双侧顶叶下部,这与躯体特别是手指运动知觉区联系密切③. 甚至,仅就语言而言,激活大脑的区域也是不同的. 2002 年以来,香港大学和北京师范大学等单位利用脑成像等技术进行合作研究发现④:以中文为母语的人对于英语的辨别更多地激活大脑的右半球,而以英语为母语的更多地激活大脑的左半球. 因为汉字是象形文字,英语是拼音文字,这个研究成果意味着:前者更多地激活了形象思维能力,后者更多地激活了抽象思维能

◂ 在大脑中,思维的过程就类似于"机械"运动,这似乎是不可思议的.

◂ 这也许能解释东西方人的思维差异的原因.

---

① 参见:B. J. Baars and N. M. Gage 著. 认知、脑与意识[M]. 北京:科学出版社,2008:18~19.

② 德阿纳(Stanislas Dehaene),法国认知神经学家,著有《数感》(The Number Sense)一书,他在书中写道:"中国的数字非常简易. 在这个领域里,最佳记忆力的奖项要颁发给讲粤语的中国人."

③ 参见:Dehaene, S., *The organization of brain activations in number comparison: Event-related potentials and the additive factors method*[J]. Journal of Cognitive Neuroscience, 1996(8),:47~68;
也参见:董奇,张红川. 估算能力与精算能力:脑与认知科学的研究成果及其对数学教育的启示[J]. 教育研究,2002(5):46~51.

④ 参见:理查德·尼斯贝特著. 思维的版图[M]. 北京:中信出版社,2006:总序(汪丁丁撰文).

> 这种观点可以很好地诠释当前基础教育改革发展中的诸多成功做法.

力. 受这个研究成果的启发,现代教育不仅需要传授知识,还必须有意识地、有针对性地激活大脑的各个部位,使得受教育者在知识、能力等诸方面都得到发展. 我想这应当是教育要"以人为本、全面发展"的立论基础. 也可以看到,这些结论与我们在第二辑最后一讲从表观遗传学的角度分析的结果是一致的. 那么,什么时候进行这样的教育最为合适呢?

从上一节的讨论我们知道,人的脑容量要比灵长类动物的脑容量大 3 倍以上,在这个意义上,人的每一个婴儿都是"早产儿",因为比照其他灵长类动物出生的成熟期,平均脑容量在 1350 毫升的人类的妊娠期应当是 21 个月,只是由于人类骨盆大小等原因,怀胎 10 个月出产才是最安全的[①]. 这样,就造成了人类婴儿出生时的脑容量只有 385 毫升,还不到成人脑容量的 1/3,而其他灵长类动物都要超过 1/2. 因此,人类婴儿发育期比其他动物都长,并且首先发育的是大脑,然后才是骨骼、肌肉等身体的其他部位. 到了 6 岁左右,儿童的脑容量已经达到成人脑容量的 90%,到了 14 岁就基本成型了. 当然,即使是到了成人期以后大脑也都保持着持续的动态变化[②]. 为此,就教育而言,我们可以称儿童 14 岁之前的教育为**早期教育**(除了脑成熟这个标志之外,发音器官的成熟期和性的成

---

① 参见:理查德·利基著. 人类的起源[M]. 吴汝康,吴新智,林升圣译. 上海:上海科学技术出版社,2007:41~42.

② 参见:B. J. Baars and N. M. Gage 著. 认知、脑与意识[M]. 北京:科学出版社,2008:424~425.

第一讲　原始推理的基础：想象和抽象

熟期也都是在 14 岁).上面的研究成果告诉我们,**教育是有规律的,这个规律就是服从人的身心发展规律,特别是服从大脑的发育规律,因为大脑是接受教育的根本载体**.

◀许多学者认为教育是无规律的,教育不是科学.至少对于早期教育,这种说法是过于武断的.

那么,针对上述的大脑的发育规律,应当实施什么样的早期教育呢？我想,应当建立一个基本出发点,那就是:智开发力而不是传授知识.当然,在智力的开发过程中必然要涉及知识,但无论如何,知识的传授不是本质的.我们来分析这个问题.

回想我们在第三辑第 4.1 节关于现代计算机的讨论,在美国数学家冯·诺依曼①(J. von Neumann, 1903～1957)参与计算机设计以前,计算机也具有计算功能,但每一次计算都是个案的,每一次计算以前都要编写出针对这次计算的从头至尾的程序,因此,这样的计算机至多起到了计算器的作用.后来,冯·诺依曼构建了现在仍然在使用的计算机的框架,这种新型计算机由五个部分构成:CA(计算器);CC(逻辑控制装置);M(储存器);I(输入);O(输出).其中关键是加入了逻辑控制装置和储存器,这就使得新型计算机具有了"智能"的功能.对于冯·诺依曼构建的计算机,如果要进行新的运算,只需要启动逻辑控制装置

◀这个事实是值得教育工作者,特别是数学教育工作者认真思考的.

---

① 冯·诺依曼(John Von Neuman,1903～1957),美籍匈牙利人.美国国家科学院、秘鲁国立自然科学院和意大利国立林且学院等院的院士.1954 年担任美国原子能委员会委员;1951 年至 1953 年任美国数学会主席.冯·诺依曼对人类的最大贡献是对计算机科学、计算机技术、数值分析和经济学中的博弈论的开拓性工作,他的主要著作收集在 1961 年出版的六卷《冯·诺依曼全集》中.

和储存器就可以了.受此启发,儿童早期教育的主要任务是对儿童的智力开发,其主要目的是帮助儿童构建未来学习、思考、判断、行动所需要的各种功能.形象地说,就是帮助儿童激活大脑的各个功能部位,并且打通各个部位之间的联络.如果这个分析是正确的,那么,儿童阶段的教育对于一个人一生的发展就是非常重要的了.这就应了中国的一句俗语:江山易改,秉性难移,因为一个人的秉性显然是在儿童时代塑造的.下面,我们利用曾经讨论过的结果,通过两个例子来进一步说明这个问题.

▶ 这便是智力开发的生理学和心理学功能.

第一个例子.既然在精算和估算的过程中激活脑的部位不同,那么这两种运算都必须教给儿童,并且在教育的过程中必须注意这两种运算的区别和联系.在现在的数学教学中,有时候会让学生先精算,然后四舍五入得到估算,这是不可以的,这完全违背了估算的要义.我们必须清楚估算与精算的不同,估算虽然也是数的运算,但在本质上是一种数量的运算,也就是说,估算要涉及计算的现实背景.对于运算而言,现实背景的差异主要表现在空间范围的不同或者时间间隔的不同①,具体表现在计数单位的不同,我们称这样的计数单位为量纲.比如,我们要讨论地球与太阳的距离,就要用光年刻画;讨论北京与纽约的距离,

▶ 这就需要教育工作者更加辛苦地设计教学内容和教学方法,而不是拘泥于简单的知识传授.

---

① 康德认为空间和时间是纯粹直观,是人们获得知识的基础,参见:中译本:纯粹理性批判[M].邓晓芒译,杨祖陶校.北京:人民出版社,2004:25~29.

第一讲 原始推理的基础:想象和抽象

就要用万公里刻画;讨论一个县城到省会之间的距离,就要用公里刻画;讨论校园里建筑物之间的距离,就要用百米刻画;讨论教室里的物或者人之间的距离,就要用米刻画;而在学生的作业本上讨论几何问题时,就要用厘米刻画. 由此可以看到,在进行与距离有关问题的估算时,是与计算者的空间感觉有关联的,这与脑科学研究的成果是一致的,因为估算过程激活的脑部位与控制人行动的脑部位联系密切. 与估算有关的问题不仅仅涉及距离,对于购买东西、设计活动流程、时间安排等等许多日常生活中的问题,都是类似的. 当然,估算与精算之间也有一致性,那就是在具体计算过程中都是针对抽象了的数进行的,也就是说,在具体计算过程中不需要带着量纲.

第二个例子. 我们知道,儿童的早期教育的第一要务是关于语言的教育,现在的问题是,是不是可以同时教授两种语言. 我想,既然脑科学的研究表明,中文学习与英语学习激活脑的部位不同,那么,最好的办法就是把这两种语言同时教给儿童. 我相信,人的本能能够使学生清楚在什么样的场合、针对什么样的问题,应当用什么样的语言进行表达,并且这种本能的激活必将使得一个人终生受益. 在这个意义下,虽然教师在教育的过程中,要注意这两种语言规律的不同,但一定不要强调两种语言之间的相互翻译,因为儿童对于语言的掌握在本质上是模仿和记忆,而不是

◀ 东北师大附属小学近八年的教学试验表明,这个方案不仅是可行的,并且是非常有益的.

理解. 汉字与英语的书写也是重要的,因为脑科学的研究表明,汉字的本体是象形文字,与形象思维有关,而英语的本体是拼音文字,与抽象思维有关. 一个人如果能把形象思维与抽象思维打通,那将是非常有益的.

作为这一节的结束,我想强调早期教育中的一个重要的教育理念,就是**教师应当关注学生是如何思考问题的**,然后因势利导地进行有效教学. 必须强调的是,思考问题的过程往往是因人而异的,教师不可强求统一,否则会不利于一些学生的成长. 我有一名从事小学数学教师培训工作的博士生,她曾经问我一名小学教师在数学教学过程中遇到的问题. 数学问题是:

▶ 这便是为什么要因材施教的原因.

在荷叶上有青蛙,跳到水中 3 只,还剩 2 只,问荷叶上原来共有几只青蛙?

这个问题的教学目的是 $3+2=5$. 可是有些学生回答:

(5)$-3=2$,

因为这个答案与教学目的不符,于是教师认为学生的回答是错误的. 这样的教学是否正确呢?

首先需要明晰的是,教学是一门艺术而不是科学,很难判断哪一种教学方法是正确的,因此,问题本身应当是:这样的教学是否合适呢?

我认为这样的教学是不合适的. 在早期教育阶段,学生的抽象能力还没有养成,思考问题往往带着基于联想的实际背景. 因此,那些学生进行的可能是基于形象思维的抽象思维:在荷叶上原来有 5 只青蛙,跳到水中 3 只,还剩下 2 只.学生在回答时对 5 加了括号,恰恰表示这是他想象出来的原来的情景. 这是多么自然的思考方式,千万不要简单地判断这样的答案是错误的. 如果教师一定要回到教学目的,那么可以对学生说:"你的回答是正确的. 现在,你能不能把这个减法变为加法呢?"

◀ 要理解学生的思考过程是非常困难的,但是,不能理解这个过程又如何进行有的放矢的教学呢?

如果我们已经认同,早期教育更重要的是智力开发,那么,需要开发的智力是什么呢?这样的智力与推理的关系是什么呢?

§1.3 基本思维能力

现代科学研究的趋势是研究内容越来越精细.这样的变化带来的好处是对事物的探究越来越深入,带来的坏处是使得整体越来越支离破碎.过分精细的研究容易导致只见树木不见森林. 比如,对于人的智力测试,人们想出了各种指标加以度量:记忆能力、空间能力、言辞能力、表达能力、理解能力、数字能力、归纳能力、演绎能力等等. 直观地想,这些能力都是存在

> 人的思维过程应当分得如此精细吗?进一步,通过精细得到的结论就必然更科学吗?

的,都是有道理的,并且可以认为这样的测试是多维目标的,因而综合测试的结果是更加全面的.人们称这样的测试结果为智商,并且普遍认为智商高的人就有智慧.

但是,上面说的智商似乎与想象能力和抽象能力无关,也就是说,智商的高低与一个人的智慧之间似乎并没有必然联系.上述的所有测试,其评价指标的都是测试以后的结果,甚至要把这些结果给予量化,但是,**一个人是否具有智慧,往往并不表现于行为的结果,而是表现于行为的过程**[①].比如一个人的智慧,表现在对于重大问题的判断与决策之中,表现在应付危难的沉着与机敏之中,表现在安排实验的想象与设计之中,表现在解题的直觉与逻辑之中.正如神经生物学家威廉·卡尔文[②](William Calvin)在他的著作《大脑如何思考》中所谈到的那样[③]:

> 我曾经对一群高智商的人作过一次餐后讲演,虽然每一位听众在智商的测试中都得到高分,但他们中的一位想象力之差实在令我惊诧.那时我突然意识

---

① 参见:史宁中.关于教育的哲学[J].教育研究,1998年(10):9~13.
② 卡尔文(William H. Calvin),美国西雅图华盛顿大学医学院精神病与行为科学教授,知名脑神经生物学家.人类学、演化与气候变迁领域的专门作家,常为《科学·人·杂志》撰写文章.写过十余本书,包括广受媒体好评的《大脑如何思考》与《适合所有季节的脑》(A Brain for All Seasons);后者曾获2002年美国优异学生荣誉学会最佳科学著作奖(Phi Beta Kappa Award for Science).同时他是艾默瑞大学大猿猴计划成员及未来基金会顾问,现致力于史前人类学、演化生物学的研究.
③ 参见:威廉·卡尔文著.大脑如何思考[M].杨雄里,梁培基译.上海:上海科学技术出版社,2007:21.

第一讲 原始推理的基础:想象和抽象

到,以前我一直以为智商与想象力是并行的,但是想象力只是在形成某些高质量的东西时才对智力有所贡献.……其实,智商只能度量那些被普遍理解为智力行为的某些方面,本质上并不包括对计划能力的测试.

所以在智商的测试中,也出现了"高分低能"的现象,这里说的"能"主要是指实践的能力,包括"动手"的能力和"动脑"的能力.当然,这里的动手能力并不是指技巧类的能力,而是在日常生活和生产实践中发明新产品、设计新工艺的能力,或者为了验证结果而构想新实验、规划新试验的能力,如我们曾经谈到的,这些作为都需要想象能力;这里的动脑能力除了上面谈到的,还包括发现并提出新问题的能力,或者分析并创造新方法的能力,也如我们曾经谈到的,这些作为都需要抽象能力.所以就思维而言,把智商的考核指标作为思维的基准是不可以的.

◀ 在现代教育评价中,过程的评价是重要的,也是难以度量的.

此外,智商考核中涉及的那些能力过分庞杂,如此庞杂的结构不能作为我们分析问题的基础.为了探寻原始推理,我们应当去寻找那些支撑智商所涉及的各种能力的更底层的东西,因为智商只是那些底层东西的表象.我们知道,所有表象都是具体的而不是一般的.为了讨论问题的方便,我们称那些底层的东西为**基本思维能力**.我想,所说的基本思维能力是存在的,这就是我们反复谈到的想象能力和抽象能力,因

◀ 所有的东西,凡是具体的,就必然是不全面的.

为可以作这样的推理:如果想象能力和抽象能力是人与动物的关于思维方面的最根本的区别,那么,人所独有的其他的思维能力就必然是这两个基本能力的派生.关于抽象,我们已经谈很多了,这里不再重复,下面讨论想象能力.

通观人类的文明史,无论是科学还是艺术的发展都需要想象能力,特别是到了近代,科学和艺术迅猛发展,就更离不开想象能力了.甚至达到了这样的程度,一个开创性的工作效果如何,往往就取决于创意,也就是取决于想象能力.我们曾经在第二辑的最后一讲谈到,绝大多数哲学家和数学家,无论他们认识问题的观点有多么大的分歧,但有一点是共同的,那就是强调直观对于认识世界的重要,比如康德①在他的巨著《纯粹理性批判》中说②:

> 任何学科的教育,都应当重视针对这个学科的直观能力的培养,或许可以认为,这才是素质教育的真谛.

人类的一切知识都是从直观开始,从那里进到概念,而以理念结束.

那么,就思维而言,直观是什么呢?我们知道,现代人谈到直观,总是会涉及某些具体的研究领域,或者说,涉及对某些学科具体事物的直观判断,这种判断不需要经过严谨的逻辑推理.这样,就思维而言,我

---

① 康德(Immanuel Kant,1724~1804),德国哲学家,德国古典哲学创始人.他一生深居简出,终身未娶,过着单调刻板的学者生活,直到1804年去逝为止,从未走出过他的出生地.他被认为是现代欧洲最具影响力的思想家之一,也是启蒙运动的最后一位主要哲学家.
② 参见:康德著.纯粹理性批判[M].邓晓芒译,杨祖陶校.北京:人民出版社,2004:544.

第一讲 原始推理的基础：想象和抽象

们似乎可以把直观理解为关于学科的想象,进而,把直观能力理解为基于学科的想象能力.下面,我想举例说明,一个学科的想象能力能够发挥多么大的效能.

显然,想象能力是针对想象力的一种度量,想象力对应于知识,想象能力对应于认知能力.关于想象力,爱因斯坦[①](Einstein,1879~1955)曾经说过一句名言[②]:

爱因斯坦

想象力比知识更重要,因为知识是有限的,而想象力概括着世界上的一切,推动着进步,并且是知识进化的源泉.严格地说,想象力是科学研究中的实在因素.

光速是绝对的.这是爱因斯坦狭义相对论的基本假设.这个假设意味着,任何物体的运动速度都不能超过光的速度,即不能超过 30 万公里/秒.这个假设对于爱因斯坦狭义相对论是必要的,因为无论是刻画两个惯性系之间时空关系的洛伦兹变换[③],还是判断

---

① 爱因斯坦(Albert Einstein,1879~1955),举世闻名的德裔美国科学家,现代物理学的开创者和奠基人.

② 参见:爱因斯坦文集:第一卷[M].许良英,范岱年译.北京:商务印书馆,1976:284.

③ 以荷兰物理学家和数学家洛伦兹(H. A. Lorentz,1853~1926)命名的一种坐标变换,在狭义相对论中起到至关重要的作用,变换中涉及到系数 $\sqrt{1-\left(\dfrac{v}{c}\right)^2}$,其中 v 为运动物体的速度,c 为光速,如果 v 大于 c,就可能出现虚数.

两个事件是否同时发生,都需要光速是绝对的[①]. 可是,这个假设成立吗? 我们似乎很容易举出关于这个基本假设的反例,回忆我们在小学数学中学过的顺水行舟的道理:

船行走的速度＝船速＋水流的速度.

同样的道理,如果在飞驰的火车上向前打出一束光,那么,不就可以得到:

光行走的速度＝光速＋火车的速度

▶ 这个命题似乎不符合日常生活的常理,但我们又无法反驳爱因斯坦的思考.

吗? 这不就可以得到比光速更快的速度了吗? 但是,爱因斯坦认为这是不可能的,"光速是绝对的"这个命题必然要求:光速与发光物体的速度无关. 关于这个结论,爱因斯坦在下面的论述中充分地表现了他的想象能力,他称这样的想象为思考的实验[②]:

我骑自行车来到一个十字路口,几乎与一辆横过的马车相撞,我及时地刹车,避免了一场交通事故. 你在十字路口的对面看到了这个场景:通过光的反射你看见我的自行车向你驶去,看到马车从与你的视线成直角的方向驶来.

---

① 参见:赵展岳著.相对论导引[M].北京:清华大学出版社,2002:16~41.
② 参见:卡尔·塞根著.宇宙的奥秘[M].史宁中,等译.长春:东北师范大学出版社,1992:252.

第一讲　原始推理的基础：想象和抽象

现在想象马车的速度和自行车的速度接近光速，如果光的反射的速度是自行车的速度加上光的速度，那你将会看到怎样的情景呢？你将看到马车到达之前，我刹车，然后活泼地骑自行车驶向集镇，你将看不到我与马车几乎相撞这个事实，而从我的角度看，这个事实确实发生了.

这是一个悖论，这个悖论说明，我们只能接受"光速是不可逾越的"这个假设. 在爱因斯坦之前，没有人这样思考问题. 现实表明，正是这个思考根本改变了人们对于自然界的看法，这个思考是现代物理学的发端. 很显然，这个思考依赖的是想象，依赖的是基于想象的推理.

◀ 这仅仅是一种假设，如果假设被事实反驳，那么，建立在这个假设之上的所有结论就失去了根基.

文学的想象. 艺术作品也需要想象，比如，2009年年底风靡全球的电影《阿凡达》就充分地展示了人的想象能力. 事实上，这种想象不仅表现在超出现实的艺术作品之中，这种想象也深入到许多文学作品. 北宋范仲淹[①](989～1052)的《岳阳楼记》是脍炙人口的，但是，范仲淹很可能没有去过岳阳楼，甚至没有到过洞庭湖. 汪曾祺[②](1920～1997)在《湘行二记·岳阳楼

---

① 范仲淹(989～1052)，字希文，卒后谥文正，后人习称范文正公，北宋苏州吴县(今江苏苏州市)人. 北宋政治家、思想家、文学家. 他是宋明理学的重要先驱者之一，其著作今存有《范文正公集》.

② 汪曾祺(1920～1997)，江苏高邮人. 1939年，考入昆明西南联大中文系，师从沈从文等名家学习写作. 他是跨越几个时代的作家，也是在小说、散文、戏剧文学与艺术研究上都有建树的作家. 1940年开始发表小说、诗和散文.

记》中谈道①：

　　写这篇《记》的时候，范仲淹不在岳阳，他被贬在邓州，即今延安，而且听说他根本就没有到过岳阳，《记》中对岳阳楼四周景色的描写，完全出诸想象．这真是不可思议的事……看来一篇文章最重要的是思想，有了独特的思想，才能调动想象，才能把在别处得到的印象概括集中起来．范仲淹可能没有看到过洞庭湖，但他看到过很多巨浸大泽．

　　我们不知道范仲淹是否到过洞庭湖，但汪曾祺这一段对于想象的描写是很有道理的，想象就是基于思想、借助联想，把在别处得到的印象概括集中起来．当然，想象还能在概括集中的基础上创造出新的事物，就像爱因斯坦的思维的实验那样．但必须清楚地认识到，我们说的想象并不是胡思乱想，我们说的直观也不是单纯凭借感官的直觉．为了更加清晰地说明这个问题，我们在下一节讨论单纯凭借直觉所得到的结论是不可靠的．

▶ 想象需要经过头脑加工，因此想象能力也可以理解为头脑加工的能力．

§1.4　直觉有时是不可靠的

　　人的直觉更多的是来源于视觉．人们是那么相信

---

① 参见:汪曾祺.湘行二记·岳阳楼记[J].芙蓉,1983(4):172.

第一讲 原始推理的基础:想象和抽象

自己的视觉,以至于创造了"耳听为虚,眼见为实"这样的成语.这表明:人们常常以亲眼所见的那些东西作为判断的依据.事实上,对于比较复杂的事物,人的视觉往往是不可靠的,甚至会因为所处的位置不同而得到不同的结论.日本著名电影导演黑泽明[①](1910～1998)深知其中的道理,他通过他的名片《罗生门》深刻地阐述了这个道理.在日本动荡不安的平安朝,都城附近一个武士被杀,四个目击者从各自的立场出发给出不同的供词,使得真相淹没于杂乱的记忆之中.黑泽明在告诫人们,比杀人更可怕的是谎言,电影中说:"哪里有软弱哪里就有谎言."黑泽明在呼唤人性,电影结尾说:"因为你,我相信人了."

我们曾在第二辑强调了几何直观的重要性,其理由就是比较数字而言图形是可以看见的,因此更容易建立起直观.但是,在数学的证明过程中,图形只能用来帮助论证,而不能代替论证,因为单凭视觉是不可靠的.我们来看下面的图.

德国心理学家冯特[②](Wundt,1832～1920)被誉为现代心理学之父.1879年,他在德国莱比锡建立了世界上第一个心理学实验室,希望通过人的内省研究

---

① 黑泽明(1910～1998),日本著名电影导演.1934年考取助理导演,进入东宝电影的前身"PCL电影公司"拜名导演山本嘉次郎为师,学习导演和编剧.1943年独立执导了处女作《姿三四郎》,一举成名,被誉为"电影界的莎士比亚".
② 冯特(Wilhelm Wundt,1832～1920),德国心理学家,实验心理学的创始人.他的主要贡献是使心理学从哲学中分化出来,成为一门以实验为基础的独立科学.他的《生理心理学原理》是近代心理学史上第一部最重要的著作.

该书是美国杰出的数学教育家M.克莱因的名著.

人的心理过程.据说图1.2就是冯特设计的①.我们可以看到,尽管在图1.2的左图中竖线与横线一样长,但由于视觉偏差,人们总会认为竖线要比横线长.同样的道理,在图1.2的右图中竖线比横线要短一些,但由于视觉偏差,会认为竖线与横线一样长.

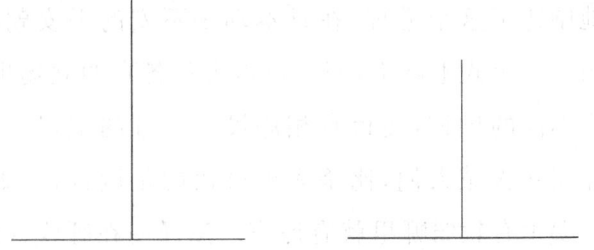

图1.2　横线被切割的视觉偏差

为什么会造成这样的视觉偏差呢?人们往往认为造成这个视觉差异的原因是因为"竖线优势",也就是说,因为生理原因,人们看到竖立的东西总要比实际的长一些.原因大概不是这样的,或者说,不仅仅是这样.我想,真正原因很可能是因为在上面的图中竖线交于横线,于是横线被切割而引起了视觉上的差异.为了说明这一点,我们来分析图1.3.与图1.2相反,这是一个竖线被横线切割的情况,左图中横线与竖线是一样长的,右图中横线比竖线短.但光凭视觉判断,人们会认为左图的横线比竖线更长一些,而认为右图中的两条直线段是一样长的.因此,我们所说

---

① 参见:M.克莱因著.数学与知识的探求[M].刘志勇译.上海:复旦大学出版社,2005:22~23.

第一讲 原始推理的基础:想象和抽象

的因为"线段被切割引起的视觉差异"的结论可能是正确的,因为人们对任何事物的判断都依赖参照物.

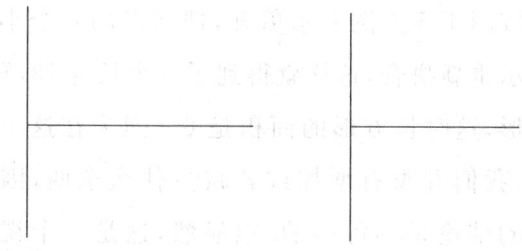

图 1.3 竖线被切割的视觉偏差

以角度为参照物更容易引起人们的视觉偏差.在一般情况下,参照大角的东西可能会比实际情况大,参照小角的东西可能会比实际情况小.在图 1.4 中,两个平行四边形中的两个对角线 AB 和 AC 是一样长的,但从图形上看 AB 要比 AC 长许多.

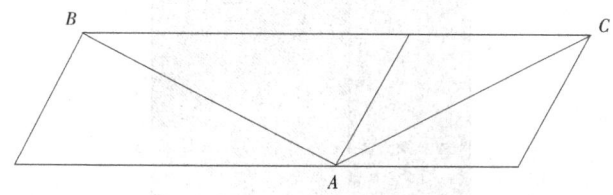

图 1.4 角度引起的视觉偏差

下面的例子取自《全日制义务教育数学课程标准(修改稿)》①.有一张 8×8 的正方形的纸片,因此这个

◀ 这个例子说明,完全凭借视觉完成数学证明是不可以的.

---

① 这个例子是《全日制义务教育数学课程标准》修改组成员、常州市数学教研室杨裕前老师提供的.

正方形的面积是 64,为了方便起见,我们可以把其中的长度单位考虑为厘米,面积单位为平方厘米.把这张纸片按图 1.5 上图所示剪开,把剪出的 4 个小块按下图所示重新拼合,这样就得到了一个长为 13,宽为 5 的长方形,这时长方形的面积是 65. 因为在这个操作过程中,我们并没有增加或者减少什么东西,因此得到这样的结论是不可能的. 很显然,这是一个视觉经验与逻辑不符的例子. 在《全日制义务教育数学课程标准(修订稿)》中选用这个例子是希望让学生知道:对于数学的结论,完全凭借直觉判断是不行的,结论的正确与否必须要通过推理进行验证.

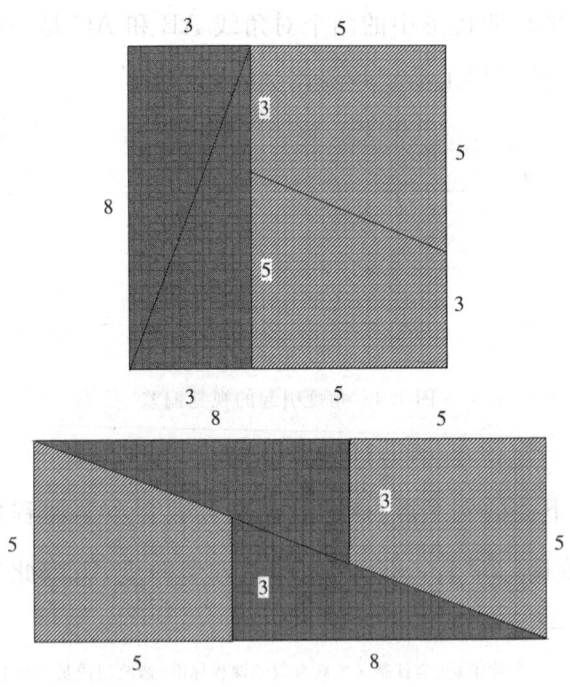

图 1.5 面积引起的视觉偏差

第一讲 原始推理的基础:想象和抽象

对于上面的图形变化,如果我们的视觉经验是错误的,那么错误出在哪里呢?通过逻辑思考可以知道,产生错误的原因只可能有一个,那就是图1.5的下图中纸片所示图形不是长方形,因此不能用长方形的面积计算公式来计算面积.但是,要说明这个视觉错误,即说明那个图形不是长方形并不是非常简单的事情,是需要证明的.

◀要论证产生错误结论的原因,往往比证明一个结论还要困难.

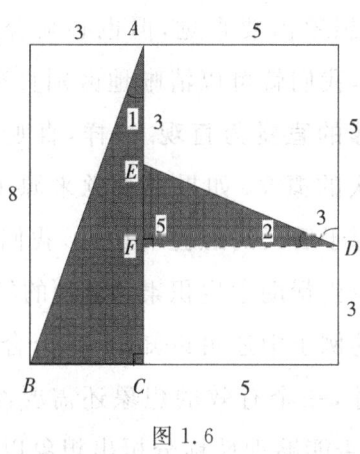

图 1.6

我们来证明这个问题.图1.6来源于图1.5的上图.如图1.6所示,过 D 作 AC 的垂线交 AC 于 F.下面用反证法进行证明.假定图1.5下图中的图形是长方形,那么,图形的右下角就应当是直角.由拼合方法知道,这个结论意味着在上图中 $\angle 1 + \angle 3 = 90°$.因为 $\angle 2 + \angle 3 = 90°$,则 $\angle 1 = \angle 2$.由相似三角形的判定定理,两个直角三角形 $\triangle ABC$ 与 $\triangle DEF$ 相似.因为相似三角形对应边成比例,则应当有 $\frac{2}{3} = \frac{5}{8}$. 这显然是不可能的,所以图 1.5 下图中的图形不可能是长方形. 为什么会造成这样的视觉误差呢? 这是因为 $\frac{2}{3} - \frac{5}{8} = \frac{1}{24}$,这个差是很小的,因此会造成我们视觉的误差,从而把图 1.5 下图中的图形看做长方形.

从上面的例子中可以看到,完全凭借直觉的想象是不可以的. 想象需要直觉,但也必须合理地利用逻辑思维. 现在,我们就可以清晰地区别直观与直觉了: **具有逻辑支撑的直觉为直观**. 这样,直观就是比直觉更高一个层次的概念. 如果说直觉来源于人的本能,那么直观来源于后天的经验[①]. 因此,我们数学教育的目标之一就应当帮助学生积累这方面的经验.

▶ 对于教育而言,应当建立有效想象的概念.

从上面的例子中还可以知道:一个合理的想象需要逻辑的支撑,一个有效的想象还需要经验的积累. 那么,我们是否能够理性地分析出想象以及抽象的思维对象是什么呢? 我们是否能够简约地描述出想象以及抽象的思维过程呢? 想象以及抽象需要的逻辑支撑是什么呢? 这些都与归纳推理有关,这也将是我们未来几讲要讨论的内容.

---

① 详细的讨论可以参见:本书第二辑第十讲.

第二讲　基础思维的对象:类

阅读提示

在观察的基础上,人们只能通过联想建立此事物与他事物的联系,只能在联想的基础上进行此事物与他事物的比较,从而作出对此事物的分析和判断.所以,联想是逻辑思维的开始.心理学制定了联想的原则,称为三大联想定律.

通过联想得到事物的类,而想象和抽象的思维对象就是通过联想得到的类,因此,是否能够得到一个合理的类,将直接影响想象的有效性.分类可以分为两个阶段:基于形式的分类为原始分类,基于性质的分类为实质分类.原始分类是研究问题的开始,实质分类使得认识更加深刻,自然数和一元二次方程解的分类都说明了这一点.

从哲学的角度似乎可以这样认为:共相适用于研究类的内部,异相适用于研究类的区别.有理数的认识和三角形的认识都需要借助异相.

我们在上一讲谈到,人类最为基础的思维是想象和抽象.但是,我们不可能凭空想象,也不可能凭空抽象,想象和抽象都必须针对具体的思维对象.显然,如果这个思维对象是存在的,那么这个对象也就是原始思维的基础,进而是归纳推理的基础.因此,就我们这本书的目的而言,详细地讨论这个思维对象是十分必要的.

首先,我们分析人们通常的思维过程.对于绝大多数人,遇到一个新的事物,总会自觉不自觉地进行联想,联想起那些经历过的、与此事物有关联的他事物;进一步,人们会以那些联想到的他事物的情况作为基准,对此事物进行分析比较,最后对此事物作出判断.在大多数的情况下,这个联想、比较、判断的过程是因人而异的,一个人经历丰富,并且善于归纳总结,那么,这个人就必然善于联想.钱学森[1](1911～2009)非常强调联想,他明确地说[2]:

> 科学上的创新光靠严密的逻辑思维不行,创新的思想往往开始于形象思维,从大跨度的联想中得到启迪,然后再用严密的逻辑加以验证.

钱学森的述说是有道理的.我们曾经讨论过工具的制造,进而一切发明创造都是需要想象的,而想象的基础就是联想.我们甚至可以认为,对于一个无法

▶ 对事物本身的观察是重要的,但单纯观察只能描述事物而不能判断事物.

---

[1] 钱学森(1911～2009),浙江杭州人.享誉海内外的杰出科学家和中国航天事业的奠基人,中国两弹一星功勋奖章获得者之一.

[2] 参见:钱学森的最后一次系统谈话[N].涂元季等整理.人民日报,2009-11-05.

第二讲 基础思维的对象:类

联想的全新的事物,是无法作出任何判断的.这或许如休谟①所说②:

> 这种关系的知识在任何例证下都不是由先验的推论得来的;……一个人不论有如何强烈的天然理性和才能,他在遇到一个全新的物象时,纵使极其精确地考察了那个物象的各种可感觉的性质,他也不能发现那个物象的任何原因或结果.

关于这一点,中国古代哲学家公孙龙(约前320~前250)说得更加明确,他在《指物论》中说③:如果一个人发现了一个新的东西,是不可能同时知道这个东西的名字的.我们可以认为,在通常情况下,人们是通过与其他事物的联想给这个新的东西进行命名的.在汉语的动物名称中,就充分表现了中国人的联想.比如,犀牛其实不是牛,只是因为有角,我们也称其为一种牛;河马其实不是马,只是因为有些像马,我们也称其为马;鲸鱼其实不是鱼,只是因为在水里游,我们也称其为一种鱼.

虽然在最初阶段,引发我们联想的那些关联事物的性质可能不是本质的,但是,人们只能通过联想建

◀ 在中小学数学甚至语文教学中,培养学生的联想能力是很重要的.

主要内容包括:各派哲学、观念的起源、观念的联络、关于理解作用的一些怀疑、怀疑哲学等.

---

① 休谟(Hume,D.,1711~1776),英国哲学家、历史学家、经济学家.休谟的哲学是近代欧洲哲学史上第一个不可知论的哲学体系.他的《英格兰史》一书在当时成为英格兰历史学界的基础著作长达60~70年.
② 参见:休谟著.人类理解研究[M].关文运译.北京;商务印书馆,2009:28.
③ 参见:史宁中.论定义中的殊相与共相——公孙龙子〈指物论〉评析[J].古代文明,2009(1):22~26.

立此事物与他事物的联系,人们只能在联想的基础上进行此事物与他事物的比较,从而作出对此事物的分析和判断.并且,只要在这个过程中对事物分析的深刻,就可能逐渐认识事物的本质.所以,我们可以认定:**联想是逻辑思维的开始**.如果这个断言是正确的,下面需要进一步讨论的问题是:在联想的基础上,人们是如何开始逻辑思维的.

▶ 因此,人们对事物进行判断和推理的过程是从联想开始的.

§2.1 基于联想的思维

在英语中,与联想对应的词是 assotiation,这个词的原意是联合、协会的意思.这个词最初用于思维领域的用法是 an assotiation of ideas,即观念的联合.据说,是英国哲学家洛克[①](J. Locke,1632~1704)在著作《人类理智论》中把这个词第一次用于思维领域[②].我们在第二辑第十讲中曾经谈到,洛克被认为是英国经验主义的奠基人.他是这样谈到联想的:

我们的某些观念彼此具有一种天然的关联,把它们结合起来,则是我们理智的作为…… 任何时候,只要观念进入理智,联想便随着出现.

---

① 洛克(John Locke,1632~1704),英国哲学家、经验主义的开创人,同时是第一个全面阐述宪政民主思想的人,在哲学以及政治领域都有重要影响.

② 参见:杨清著.现代西方心理学主要派别[M].沈阳:辽宁人民出版社,1983:11.

第二讲　基础思维的对象：类

我们通常认为,联想是一种下意识的、无逻辑推理的思维过程.但是,按照洛克的说法,联想是一种理智的作为,是把那些具有天然关联的一些观念结合起来的一种作为.我想,洛克在这里说的理智仍然是经验层面的,是一种思维的习惯.我们在日常生活中都有这样的经验:有的人的思维总是客观的,因而表现于他的思维的最初形态,即联想也是理智的;有的人的思维总是偏执的,因而表现于他的思维的最初形态,即联想也是混乱的.如果不考虑心理疾病的因素,我想,造成这个差异的主要原因是思维的习惯.**思维习惯的不同会直接影响到联想的有效性,进而影响到想象能力和抽象能力**.因此,正如我们在上一讲讨论的那样,在早期教育中,帮助学生养成良好的思维习惯是非常重要的,这必将影响到学生一生的发展.我们也可以看到,这个思想与本书的目的是一致的,因为,我们这本书的核心就是讨论一个自然的,或者说一个良好的思维过程应当是什么.

洛克的说法虽然是有道理的,但是洛克的说法很难作为我们思维的指导原则.为了把这个问题讨论清楚,我们需要涉及更加广泛的领域.我想,与联想关系密切的概念是回忆,并且,回忆的内涵可能要比联想更广泛一些.人们常常会漫无边际地回忆往事,这种回忆经常会是跳跃性的,这种回忆通常是形象的而不是抽象的.因此,许多情况下,回忆是事物具体场景的记忆,而不是事物抽象特性的记忆.而我们说的联想

◀ 在教育过程中,帮助学生养成良好的思维习惯是非常重要的.我们甚至可以认为,良好的思维习惯是创新的根本.而良好的思维习惯的养成,是需要日积月累的.

就不同了,联想是从此事物通过某种关联到达他事物的思维过程,其中说的关联在本质上是指事物特性之间的相似关系.我们可以认为,联想这个思维过程基本上呈现的是一种线性关系,这个线性关系既可以表现于时间维度的先后,也可以表现于空间维度的接近.

柏拉图不仅是一位影响深远的哲学家,也是一位相当出色的文学家.柏拉图非常强调回忆的作用,关于什么是回忆,他在《斐多篇》中借助苏格拉底之口给出了精彩的解释①:

柏拉图雕像

> 当情人看到他们所爱的人的乐器、衣服,或她的其他任何私人物品,你知道在这种情况下会有什么事情发生.他们一认出某样东西,心里就幻想出它的主人的形象.这就是回忆.……只要看到一样事物会使你想起另一样事物,那么它肯定是产生回忆的原因,无论这两样事物相同或是不同.

在《论记忆》中,亚里士多德则非常理性地讨论了回忆②:

---

① 参见:柏拉图全集:第一卷[M].王晓朝译.北京:人民出版社,2002:74~75.
② 参见:Aristotelis Opera, *Academia Regia Borussica*, Darmstadt, 1960:451.这段翻译是非常困难的,因为亚里士多德的这段文字比较晦涩,各注释家的解读各有不同.中文可参见:《现代西方心理学主要派别》第2页,或者参见:苗力田主编.亚里士多德全集:第三卷.中国人民大学出版社,1992:138~139.这里的翻译采纳了东北师范大学历史文化学院张强教授的意见,他参阅了用拉丁语表述的希腊原文.

第二讲 基础思维的对象:类

当一个刺激自然地接着另一个刺激,回忆就会产生.……回忆时,我们是在经历先前的一些刺激,直到获得我们追寻的那个刺激,追寻的过程是基于习惯的.这也是我们追寻记忆路径的缘由,因为我们思考时是从此时或者彼时开始,才想起那些相似、相反抑或接近的东西,这便是记忆的过程.

可以看到,无论是柏拉图还是亚里士多德,他们说的回忆,都类似我们说的联想.在一般的意义上,乐器与人是不相干的,只是因为那个人经常使用那个乐器,于是在有情人的思维中,看到那个乐器就会回忆起那个人.显然,这个思维过程更确切的表达应当是联想而不是回忆.由此可见,联想并不需要一般意义上的逻辑联系,引发联想的"理由"是因人而异的.那么,这个理由是什么呢?

◀ 一个人的联想,在外人看来可能是风马牛不相及的,但恰恰是这样的联想才可能是创造的源头.

亚里士多德把回忆描述为一种非常理性的思维过程,亚里士多德是借助刺激来描述回忆的.除却动作的直接反应外,刺激对大脑产生的效果是记忆.我想,这种记忆在本质上是事物的形象,或者是事物的性质,而不是关于事物的抽象概念.比如,在柏拉图的描述中,有情人看见乐器回忆起的并不是那个人的名字,而是在某个场合曾经看到过的那个人的形象.这样,就可以把亚里士多德说的回忆描述为:从思想的现在出发,得到那些相似的、相反的或者接近的记忆.事实上,这种对于回忆的描述正是我们所说的联想,

◀ 可以设想,这种记忆对于许多动物也是存在的.

大概就是因为这个理由,亚里士多德的这段论述成为心理学制定联想原则的基础,被称为三大联想定律①:

相似律.对性质、功能或形状有某种相似的事物表象进行联想.人们看到一种四条腿的动物,像牛一样长着角,于是给这种动物起名为犀牛,这完全是一种表象相似的联想.不言而喻,这种基于相似律的联想是最为"自然"的一种联想形式.我想,在早期教育中应当让学生很好地把握这种联想形式.这种形式的联想能够扩充学生的想象空间,也能够提升学生的抽象思维.比如,圆是人们通过许多诸如苹果、车轮等事物中抽象出来的概念,反过来,教师在黑板上画一个圆②,学生会联想出什么呢?再比如,2+3=5是人们在日常生活和生产实践中抽象出来的运算法则,针对这个运算法则,学生们又会联想到什么呢?不仅数学是这样,其他学科的教学也可以关注学生这种联想形式的培养.

> 在早期教育中,如何通过联想引发学生想象,是一个实践性极强的课题.

应用这种联想形式最经典的例子应当是响尾蛇导弹的制作.响尾蛇的视力很差,只能看清几十厘米以内的东西,它们对物体方位的判断主要靠红外跟踪.在响尾蛇的头部生有红外感受器官,利用这个器官响尾蛇能够感受前方的动物因热量散发而产生的

> 现代仿生学有了重大发展,其思维基础就是基于相似律的联想.

---

① 参见:何克抗著.创造性思维理论[M].北京:北京师范大学出版社,2000:30.
也可以参见:杨清著.现代西方心理学主要派别[M].沈阳:辽宁人民出版社,1983:2.
② 教师在黑板上画出的圆依赖于他的头脑中存在的圆,显然,这个圆已经不是具体的苹果或者车轮.为了讨论问题的方便,我们称在头脑中存在了的圆为抽象的存在.

微量红外线.因此,即便是在夜间,响尾蛇也能准确地捕捉几米外的田鼠.美国的导弹专家大概在设计导弹时联想到响尾蛇,制作出电子红外接收器安装在导弹上,于是这种导弹就可以追踪飞机飞行时发动机散发出来的热量,起到制导的作用,并且称这种导弹为响尾蛇导弹.现在,电子红外接收技术已经应用于常规武器.

对比律.对性质、功能或形状有明显相反的事物表象进行联想.比如,当人们饥肠辘辘的时候,常常会回忆起曾经吃过的大餐;当人们在冰天雪地中行走夜路时,常常会幻想围坐火盆的其乐融融.安徒生[①](H. C. Andersen,1805~1875)的著名童话《卖火柴的小女孩》利用的也是这种形式的联想,感人至深.虽然这种形式的联想在日常生活中是会经常出现的,但是,这种形式的联想更适用于文学创作而不适于科学研究,这是因为"相反"事物的判断要比"相似"事物的判断困难得多.

安徒生自画像

接近律.因为某种特殊的逻辑关联进行的联想.上了年纪的人,总想回到过去曾经住过的地方,触景生情而联想起过去发生过的一些事情,柏拉图说的由

---

① 安徒生(H. C. Andersen,1805~1875),丹麦作家.他是一个将民间传说、道德说教和幽默诙谐与他自己的非凡想象力结合起来的著名作家,他创作的童话故事不仅对儿童而且对成年人同样具有重要意义.

于乐器而引起的有情人的回忆,也是属于这种联想.联想的事物之间似乎存在着某种逻辑关联,但这种逻辑关联不具有一般性,这种关联往往是因人而异的.我想,这种关联的基础应当是深度的情感或者深刻的思考.一个苹果掉到了牛顿①的头上,于是这个大脑"联想"出了万有引力,而这个联想的基础是因为牛顿对引力本身有过深刻的思考.我们在第二辑第8.2节曾经引用过爱因斯坦的一段回忆,谈他自己如何在乘坐电梯时"联想"出了广义相对论的基础原理,而这个联想是因为爱因斯坦正在苦思冥想如何通过时间和空间来刻画"同时"这个概念.1953年发现的DNA双螺旋结构被誉为自达尔文之后生物学最伟大的成果,我们从美国生物学家沃森(J. D. Watson,1928~　)和英国生物学家克里克②(F. H. C. Crick,1916~2004)的发现过程中可以看到,基于联想的想象在科学研究中的突出地位③.

▶ 事实上,所有有价值的突发奇想都不是一蹴而就的.

几乎所有的重大发明或者发现都与一个突发奇想的故事关联.我想,这些关联很可能就是服从接近

---

① 牛顿(Isaac Newton,1643~1727),英国伟大的数学家、物理学家、天文学家和自然哲学家,其研究领域包括了物理学、数学、天文学、神学和自然哲学.牛顿的主要贡献有发明了微积分,发现了万有引力定律和创立经典力学,设计并实际制造了第一架反射式望远镜等等,被誉为人类历史上最伟大、最有影响力的科学家之一.

② 克里克(F. H. C. Crick,1916~2004),英国人,生物物理学家.沃森(J. D. Watson,1928~　),美国人,分子生物学家.1951年开始,克里克与沃森合作研究DNA的分子结构.1953年,他们发表了以"核酸的分子结构——脱氧核糖核酸的一个结构模型"为题的著名论文,首先建立了DNA的双螺旋结构模型,并提出了DNA的复制机制.为此,他与克里克、威尔金斯共同获得了1962年诺贝尔生理学或医学奖.

③ 参见:沃森著.双螺旋:发现DNA结构的故事[M].刘望夷译.北京:化学工业出版社,2009.

第二讲 基础思维的对象：类

律的联想,这种服从接近律的联想或许就是钱学森说的"大跨度联想". 我们必须承认,这种形式的联想是可遇而不可求的. 这种形式的联想依赖的是知识的把握、深刻的思考和个人的悟性,因此,这种形式的联想不是教育的结果而是个人经验的结晶. 但我想强调的是,这并不意味教育对于这种联想能力的培养束手无策,只是需要注意到,这种能力的培养形式绝对不是教师的说教,而是引导学生亲身参与的活动,特别是能够启发思考的活动. 因此,在这种联想能力的培养过程中,更多的不是关注知识内容的呈现,而是关注学生思维活动的内涵;就效果而言,更多的不是关注知识的记忆和理解,而是关注学生思考的过程,关注学生思维经验的积累. 在本质上,这些思维过程都是基于归纳的,我们在本书中将会详细地讨论这个问题.

◀ 在本质上,创新性人才不是"教"出来的,而是本人"悟"出来的. 创新教育,就是要给学生创造"悟"的条件,帮助学生积累"悟"的经验.

综上所述,我们可以认为,**在人们的日常生活和生产实践中,最为自然的联想形式就是相似律**. 下面,如果不特殊说明,我们讨论的联想都是服从相似律的. 我们需要讨论的问题是:人们通过联想得到了些什么东西?

我想,在基于联想的思维过程中,涉及的那些关联的事物,在我们的头脑中必然会形成一个类. 比如,我们看到一个新的动物,如果这个动物有四条腿,就会联想起马、牛、羊等曾经经历过的并且与这个新动

◀ 数学中的类比推理赖以存在的前提就是两类对象之间的相似性,即一部分属性完全相同,而另一部分属性有显著差异.

物相似的那些动物,这样,那些相似的动物就形成了一个类.因此,人们通过联想可以得到包含此事物在内的一个类,而这个类就成为进一步思维的对象.进一步,我们说的抽象,在表面上是对此事物特征的提炼,而在实质上,抽象是对包含此事物在内的这个类中事物特征的共性进行提炼.如果这个分析是正确的,那么,从联想开始的思维过程的思维对象就是类,更准确地说,**想象和抽象的思维对象是通过联想得到的类**.那么,类是如何得到的呢?

§2.2 通过共相得到类

如果我们认定,想象或者抽象的思维对象是类,那么,我们就有必要分析:人们头脑中的类是如何形成的,并且,在分析的基础上进一步讨论:如何理性地构建类.我确信,理性地分析人们通常的思维过程,并且,理性地实践一个正确的思维过程,对于数学的学习和数学的教育都是非常重要的.

▶ 把人的思维过程分析清晰是非常困难的,但对教育而言又是必要的.

什么是类呢?就日常生活的话语系统而言,类就是我们感兴趣的那些对象构成的群体;更确切地说,类就是那些具有某种特性的事物构成的群体.如果说类是思维的基础,那么,是否能够得到一个合理的类,将直接影响思维的有效性.在现代的科学研究中,这个有效性表现的是如此强烈,因为许多科学研究的成

第二讲 基础思维的对象:类

果告诉我们,对于一些问题,只要能够合理地得到类,就可以比较容易地得到结论,以至于有些现代科学研究问题的核心就是分类.

显然,对于比较复杂的问题,在头脑中形成一个合理的类绝对不是自然而然的,这需要一个由混沌到清晰的思维过程.下面,我们来分析这个思维过程.我想,一个合理的类应当满足两个条件:一是能够较好地反映客观实际;二是能够有利于进一步分析问题.那么,如何才能得到一个合理的类呢?金岳霖[1](1895~1984)在《形式逻辑》中谈道[2]:

根据事物的共同性和差异性,就可把事物分类.具有相同属性的事物归入一类,具有不同属性的事物,各归入不同的类.……分类的逻辑规则与划分是相同的.

◀事物的共同性必须产生于分类之前吗?如果是这样,分类还有什么意义呢?

在上面的论述中提到了划分.关于划分的逻辑规则,在同一本书"概念"那一章中谈道:划分也就是把一个属分为几个种的逻辑方法.这样,所谓的分类就是针对那些已经存在了的事物的属,根据属性的不同进一步划分为一些类的逻辑方法.这种关于分类的叙述是简洁的,也是清晰的,但是,这种分类的叙述还是

---

[1] 金岳霖(1895~1984),中国哲学家、逻辑学家,是最早把现代逻辑系统地介绍到中国来的逻辑学家之一.他把西方哲学与中国哲学相结合,建立了独特的哲学体系.
[2] 参见:金岳霖著.形式逻辑[M].北京:人民出版社,2005:220.

停留在一个非常初级的阶段.我们考虑一个几何学的例子,按照上面的论述,我们首先认定一些多边形,其中边的多少就构成了多边形这个属的属性,然后根据这个属性把有三条边的归为一类,称它为三角形;把有四条边的归为一类,称它为四边形;把有五条边的归为一类,称它为五边形.可以看到,这种分类的方法是一种就事论事的、完全无目的的思维过程,依赖这种思维过程无法得到新的知识.因此,这些论述很难作为我们思维判断、进而作为思维推理的指导原则.

为了把这个问题分析清楚,我们先引用英国哲学家培根①(F. Bacon,1561~1626)在《新工具》中的一段话.我们曾经说过,培根是现代科学思维的先驱,他强调了经验的重要性,进而强调了科学实验的重要性.培根的这段话是有一定道理的②:

培根

一个真正完善的操作规则需要的指导必须是确实的,自由的,并且是可以导致行动的.这和真正的形式的发现是一回事.因为一种性质的形式就是这样:有了一定的形式,一定的性质就必然跟着出现.因此,当这个性质存在的时候,这个形式总是存在着,它普遍地蕴含这个性质,而且经常是这个性质固有的.同

培根 1620 年出版的《新工具》封面

---

① 培根(Francis Bacon,1561~1626),英国哲学家和科学家,现代科学时代的始祖.他是意识到科学技术能够改造世界面貌的哲学家,热情支持实验科学研究.他是近代哲学史上首先提出经验论原则的哲学家.他重视感觉经验和归纳逻辑在认识过程中的作用.他的名言是"知识就是力量".

② 参见:西方哲学原著选读·上[M].北京大学哲学系外国哲学史教研室编译.北京:商务印书馆,2007:348.

第二讲 基础思维的对象：类

样,这种形式也是这样:如果被取走了,这个性质也就必然跟着消失.因此,如果这个性质不存在,它总是不存在的,总是蕴含这个性质的不存在,并且决不为别的东西所固有.最后,真正的形式乃是这样的:它把所要的性质从更多的性质所固有的某种存在源泉里面推导出来,这种存在的源泉在事物的自然秩序上是比这个形式本身更容易认识的.这样,要在知识上求得真正完善的原理,其指导条规就应当是:发现可以与一定的性质相互转换的另一种性质,同时这另一类性质是一种更普遍的性质的限制,是真实的类的一种限制.

培根的这段话是非常难理解的.我想,培根大概是在说,一个事物可以分为形式和性质,形式与性质之间是相互依存、密不可分的;同一的形式往往含有同样的性质,而获取知识就是通过形式对性质的认识;因为性质依赖于事物发展的自然法则,因此就反映事物的本质而言,性质必然比形式更为确切;要获取知识的真正完善的原理,还应当认识事物各种性质之间的相互转换,从而得到与事物有关的类的一般性质.

这样,培根就为我们确定了认识问题的一个基本原则:**如果事物具有相同的形式,则推断事物具有相同的性质**.可以看到,这个基本原则是相当粗糙的,因为许多具有相同形式的事物并不具有相同的性质.比

◀ 在后面的论述中将会看到,这个认识问题的原则是非常本质的.

如,鲸鱼的生活形式与鱼一样,也是生活在水中,但鲸鱼是用肺进行呼吸,这与鱼用腮呼吸的性质完全不同.但是,我想说明的是,我们应当从一个相反的角度来理解这个基本原则:**不具有相同形式的事物,必然不具有相同的性质**[①].也就是说,针对一个具体的类,形式可能不是性质的充分条件,但是,形式是性质的必要条件[②].比如,生活在水中的不一定是鱼,但不生活在水中的必然不是鱼.我想,必要条件对于我们判断事物已经足够了,因此,培根的基本原则可以启发我们:从事物的形式出发去认识事物的性质.我们通过下面的一些数学的例子来分析这个认识问题的过程.

> 或许可以断言,从形式出发去认识问题,是一种非常自然的思维路径.

自然数的分类.最初,我们可以从形式上把自然数相隔一个数分为两组:

A:$1,3,5,7,9,\cdots$
B:$2,4,6,8,10,\cdots$ (2.1)

虽然这只是一种形式上的划分,但对于这两组自然数进行分析可以发现一个性质:A 组的数都不能被 2 整除,而 B 组的数都能被 2 整除.可以看到,这个性质是简洁的,也是最为基本的,于是人们称 A 组的数

[①] 这个命题也可以理解为:凡是具有相同性质的事物,必然有某些相同的形式.
[②] 关于充分条件和必要条件的讨论,可以参见:本书第三辑第二讲.

第二讲 基础思维的对象:类

为奇数,B 组的数为偶数.这样,在形式分类的基础上,我们又通过性质把自然数划分为两个类.我想,用奇偶性划分自然数的思维过程大概就是如此.

事实上,我们还可以进一步证明这个性质:因为 B 组的数都是相隔一个数得到的,因此每次增加 2,而出发点又是 2,因此 B 组的每一个数都必然是 2 的倍数.因为在这个论述中条件与结果之间是充分必要的,因此,可以得到结论:A 组、B 组的划分与奇数、偶数的划分是等价的.于是,我们就从自然数的形式分类出发认识了自然数的奇偶性,从而得到一个等价的分类方法.

我们还可以发现,奇数类 A 中的有些数只可以被 1 和自己整除,比如:3,5,7,11,等等;但有些数除了能被 1 和自己整除以外,还能被其他的数整除,比如:9,15,21,25,27,等等,于是我们称前者为"素数",称后者为"和数".这样,我们又可以把奇数类分为两部分.但是,这样的划分是否有意义呢?事实上,对奇数类进行这样的划分是没有意义的,因为按照和数的定义,所有大于 2 的偶数也都是和数,于是和数不仅包括了奇数类中的数,也包括了偶数类的数.因此,如果按照"素数"与"和数"这样的性质分类,就必然要打破原来的按照"奇数"与"偶数"的分类规则.也就是说,如果我们要研究"素数"以及"和数"的性质,那么,这个研究必须在自然数这个类中进行,而不能单纯在奇数这个类中进行.

◁ 对于许多问题,从形式出发的分类是没有意义的,这个事实与前面谈到的必要条件是不悖的.

从上面的例子可以看到,我们往往不是孤立地研究一个事物的性质,而是从事物的形式出发构建类,然后探究类中事物的共同性质,通过这个共同性质,去认识事物的本质,获取关于这个事物的知识.一般来说,**形式是事物的表象,性质是事物的内在**.因此,我们可以认为:从表象出发构建类,然后探寻类中事物的共同性质是一种自然的并且是合理的思维方式.其合理性就在于培根说的,形式与性质之间是相互依存、密不可分的.但是,也正如我们曾经说过的,形式与性质之间的相互联系并不一定是充分必要的,因此,基于形式的分类往往只是一种"似是而非"的分类,我们称这种分类为**原始分类**.在这个意义上,原始分类仅仅是研究问题的开始.只有把握了类中事物的共同性质才可能把握类中事物的本质;并且,只要把握了类中事物的共同性质,就可以基于这个性质重新进行分类,我们称基于性质的分类为**实质分类**.比如,像(2.1)式那样的分类就是原始分类,在对这两个类中的自然数进行分析比较的过程中,我们发现一条重要的性质:A 中自然数不能被 2 整除,B 中的元素能够被 2 整除,这样,我们可以用是否能被 2 整除进行分类,这就是实质分类.

▶ 通常所说的透过现象看本质的要义也在于此.

我们应当注意到,并不是所有的性质都可以作为分类的原则.可以被用来作为分类原则的性质,必须是那些与原始分类之间具有充分必要关系的性质.比如,从"奇数"与"偶数"的分类出发,我们理解了"素

▶ 分类标准的确定性直接制约着分类的成败.

第二讲 基础思维的对象：类

数"与"和数"这样的性质，但这个性质与原来的分类之间不能构成充分必要关系，因此不能用这个性质作为原始分类的新的准则．当然，我们可以用"素数"与"和数"对自然数进行分类，但这个分类已经不是原来的(2.1)式所示的分类了．

事实上，即便是从形式的角度来构建类，在构建的过程中，我们也必然会关注类中事物的性质，这个关注对我们构建类是会有影响的．比如，要把一个班级的学生分为两类，如果我们希望知道学生对体育活动项目的参与情况，就可能把男学生分为一类，把女学生分为一类；如果我们希望知道学生参加课外学习活动的情况，就可能把愿意思考的学生分为一类，把愿意动手的学生分为一类．其中，男生与女生、思考与动手是学生的表象形式，而体育活动、课外学习是学生的内在性质．因此，即使在分类的过程中，形式和性质也是相互依存的，最初的分类之所以侧重形式，是因为表象的东西比内在的东西更为直观，更便于把握．

◀ 分类的规则是重要的，这个规则是人们根据需要制定的．

在研究类中事物性质的过程中，人们往往会发现最初依赖形式的原始分类可能是不方便的，或者是不准确的，这样就需要利用性质调整分类的原则，代数学的进展就充分地体现了这个过程．在法国数学家韦达①(F. Vieta, 1540～1603)之前，人们只研究数字系

韦达(1540～1603)

---

① 韦达(Viete, Francois, 1540～1603)．法国16世纪最有影响的数学家之一．第一个引进系统的代数符号，并对方程论作了改进．著有《分析方法入门》、《论方程的识别与订正》等多部著作．

> 代数符号可以像数一样参与运算,并且,符号运算得到的结果是具有一般性的.

数的方程,因此,那时对于方程的分类是基于数字系数的. 后来韦达有意识地系统使用代数符号[1],用拉丁文的辅音字母表示已知量,元音字母表示未知量. 因为符号表达具有一般性,用符号表达可以得到方程的一般性质,因此,韦达把他所创造的、完全用符号表达的代数称为"类的算术". 后来,笛卡儿完成了代数符号的改进工作,他用拉丁字母的前几个 a,b,c 表示已知量,用后几个 x,y,z 表示未知量. 笛卡儿的这种表示方法沿用至今.

一元二次方程解的分类. 如果用笛卡儿的符号,一个一元二次方程就可以表示为

$$ax^2+bx+c=0.$$

基于这样的符号表达,就可以对一元二次方程进行分类了,确切地说,就可以对一元二次方程的解进行分类了,因为在一般情况下,人们关心的是方程解的存在情况[2]. 当人们还不能理解虚数的时候,认为方程的解带有虚数时方程无解,比如笛卡儿就称带有虚数的根为假根[3]. 于是在那个年代,人们把方程有解、无解作为原则对方程进行分类. 后来人们理解了虚数,就以方程是否有实根作为原则对方程进行分类.

---

[1] 参见:本书第一辑第 3.3 节.
[2] 在许多教科书中,以二次项的系数 a 的正负为原则对一元二次方程的图像进行分类:当 $a>0$ 时,图像的开口向上;当 $a<0$ 时,图像的开口向下. 事实上,这种分类也是基于解的分类的一种形式:前者解存在最小值,后者解存在最大值.
[3] 参见:本书第一辑第 10.1 节.

第二讲 基础思维的对象:类

虽然对于一元二次方程,用"有解无解"作为性质与用"实根虚根"作为性质得到的分类结果是一样的,但却有本质的不同:前者是基于形式的,是原始分类;后者是基于性质的,是实质分类.从此也可以看到,人们从形式出发构建类,然后研究类中事物的性质是非常重要的,比如,"实根虚根"的性质分类使人们更加深刻地认识了数学,创造了关于复数的理论.

经验告诉我们,如果要研究数学对象的分类问题,往往都可以在两个类之间找到一个分水岭.比如,对于实数的分类,对任意给定的一个实数 a,则小于 a 的实数是一类,大于 a 的实数是另一个类,这样,实数 a 就是一个分水岭.对于一般情况也是这样,研究的对象一旦越过了分水岭,就将进入另一个类.显然,分水岭可以属于其中的某一个类,也可以不属于其中的任何一个类.下面,我们用分水岭的思想,继续讨论一元二次方程解的分类问题.

对于一元二次方程公式解的研究,人们发现一元二次方程解的性质与下面的代数式

$$b^2 - 4ac$$

关系密切,于是称这个代数式为判别式.如果判别式为正,则有两个不同的实根;如果判别式为负,则有两个共轭的复根;如果判别式为 0,则有两个相同的实根.最后一种情况通常被人们称为方程具有重根.这些结果可以用图表示如下.

◀ 对于方程的研究,根与系数的关系是本质的,因为根的性质完全由系数决定,而系数又是显性的.

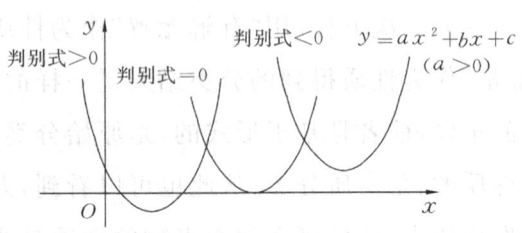

图 2.1 通过判别式对一元二次方程分类（$a>0$ 时）

显然，利用判别式可以更深刻地讨论方程的性质，特别是，我们可以通过判别式把一元二次方程的实质分类符号化。对于数学问题的分类研究，符号化是我们希望达到的最终目标。虽然在所有的数学教科书中，呈现的都是符号化的分类，但是我们必须清楚，**这些符号化的分类最初都是从形式分类开始的**。因此，在数学教学过程中，对于一些特殊的分类，我们需要呈现从形式分类到符号化分类的过程，让学生在其中感悟数学的抽象过程。

▶ 判别式的分类，在本质上是方程根的分类。

从图 2.1 中可以看到，判别式为 0 是一元二次方程是否有实根的分水岭，这个分水岭在分类中起到关键作用，我们称这个分水岭为异相。在下一节，我们讨论异相在分类中的作用。

作为这一节的结束，我想再一次强调古代中国的先哲们对于分类的重视，关于这个问题的详细讨论可以参见第三辑的附录。在古代中国，甚至还清晰地把

第二讲　基础思维的对象：类

类分出了等级，比如《墨经》经上 87 说①：

　　同可以分为四等：重同、体同、合同、类同. 两个名一个实体的同为重同；一个整体内部的同为体同；处于一个空间的同为合同；具有共性的同为类同.

外公和姥爷是同一个人，是重同；家族是有血缘关系的，是体同；同事在一个公司上班，是合同；人是会思维的动物，是类同. 可以看到，《墨经》②强调了因为分类方法的不同，分出的类是可以逐渐扩大的，而分类的核心就是"同". 关于这一点，《墨经》经下 1 说的非常明确③：以类行事，关键在于取同. 我想，这里说的"同"就相当于亚里士多德说的"共相"，甚至含义还要更广泛一些. 如果是这样的话，针对共相本身，古代中国先哲的分析要比古希腊的学者的分析更加精细. 就认识论而言，以古希腊为代表的西方哲学强调的是一般和特殊的关系，而古代中国强调的是类与类之间的关系④. 因此我们可以这样认为，古代中国把类分得更加精细正是因为分类的需要，使得人们可以在不同

◀ 古代先哲的思考，对于今天分析问题也是富有启发的.

◀ 分类、分层次是中国古代认识事物的特征之一.

---

① 原文为：同，重、体、合、类. 二名一实，重同也；不外于兼，体同也；俱处于室，合同也；有以同，类同也. 其中的"兼"是整体的意思.
② 墨子大约生于定王元年，死于安王 26 年，寿 93 岁，据此推算，墨子大约生于前 468～前 441 之间，死于前 401～376 之间，参见：孙诒让著. 诸子集成：墨子闲诂·墨子后语上[M]. 上海：上海书店，1935:13. 胡适在《先秦名学史》中推断，墨子大约生活在前 500～前 420 这段时间. 学者们普遍认为《墨经》为墨学后人所作，但是基本思想应当在墨子时代就基本形成了. 上面所说时代相当于古希腊柏拉图和亚里士多德时代.
③ 原文为：止类以行之，说在同. 参见：雷一东著. 墨经校解[M]. 济南：齐鲁书社，2006:165.
④ 参见：史宁中. 中国古代的命题、定义和推理(上)(下)[J]. 哲学研究，2009(3)(4).

层次的类上思考问题.

§2.3 通过异相划分类

通过上一节的讨论我们知道,培根强调通过共性来得到类,这无疑是正确的.但是,在分类的过程中,单纯考虑一个类中事物的共性是不够的,还应当考虑一个类中事物与另一个类中事物之间的差异.没有比较就没有鉴别,这句话是千真万确的.事实上,每个人都有这样的经验,为了更好地认识我们关心的事物,往往需要与其他事物,特别是与非常相似的事物进行比较.那么,应当如何表述这样的思维过程呢?

> 在数学教学中,通过事物之间的比较来分析事物性质往往是行之有效的.

就两类事物之间的比较而言,仅仅考虑亚里士多德说的"共相"是不够的,因为两个不同的类也可能存在相同的共相.比如,我们希望比较锐角三角形和钝角三角形,仅仅考虑"三角形中有两个锐角"这个共相是不行的,因为这个共相二者兼而有之.因此,在两类事物的比较过程中有一个环节是必不可少的,那就是必须给出区别类的准则,在这个准则下,此类中的事物与彼类中的事物是不同的.可以看到,这个准则就是上一节谈到的分水岭.也正像我们在上一节谈到的,这个准则往往既不是此类事物的共相,也不是彼类事物的共相.比如,我们仍然考虑锐角三角形和钝角三角形的区分问题,虽然直角并不是其中任何一个

第二讲 基础思维的对象:类

类的共相,但用大于直角还是小于直角来区分这两类三角形却是恰如其分的,于是直角就是所说的准则.

不能不令我们惊叹的是,古代中国的先哲们对这个问题的认识非常深刻,比如,《墨经》经下 68 就明确地谈道[①]:

牛和马是有差异的,但以牛有齿、马有尾来述说这个差异是不行的,因为齿和尾是双方具有的,而不是一个有另一个没有的. 要说明牛和马属于不同的类,应当说牛有角而马没有,因此不是同类.

◂ 这个比喻恰到好处地说明了异相的特征.

显然,有角的动物未必就是牛,因此不能用有角的动物来定义牛. 但是,用是否有角来区别牛和马这样的四蹄动物却是恰到好处,这便是把握住了分类的特征,从而利用这个特征构建了分类的准则. 因此,在分类的过程中,把握分类的特征是非常重要的,我们称这样的能够明显区分类与类之间不同的特性为**异相**. 与通过共相得到类的讨论相似,在最初阶段,异相的确定可能是形式的,但是通过在形式基础上的对类的分析,就可能得到异相的本质特征. 我们来分析下面的例子.

◂ 在数学的定义或者定理中的条件,往往就是异相.

区分牛和马. 在与包括马在内的无角的四蹄动物

---

① 原文为:牛与马偶异,以牛有齿马有尾,说牛之非马也,不可. 是俱有,不偏有偏无有. 曰牛之与马不类,用牛有角马无角,是类不同也.

的比较过程中,可以更加清晰地认识包括牛在内的这类有角的四蹄动物,从而发现这一类动物所独有的特征.比如,可以进一步发现有角的四蹄动物都是偶蹄的,这类动物都是反刍的,等等.因此,对于牛和马的区分,最初是基于形式的,即"有角"还是"无角".虽然用这个形式区分不一定最合适,但在这个形式的基础上就可以进行类之间的比较,可以对类的特征进行更深入的研究.后来人们发现区分牛和马更合适的异相是"偶蹄"和"奇蹄",于是有了"偶蹄类动物"和"奇蹄类动物"这样的划分.

> 通过上面的讨论可以知道,把类分析清楚了,事物的性质也就分析清楚了.

在现代数学中,分类的问题变得越来越重要,这主要是因为人们要研究的问题变得越来越复杂,对于这样一类复杂的问题,很难给出一个放之四海而皆准的准则,因此必须分类研究.比如,现代统计学就给出了各种各样的分类办法.再比如,现代代数学中的有限单群分类.

有限单群分类.我们知道,对称现象广泛地存在于人们的日常生活和生产实践中,"对称"这个词已经成为科学与艺术的核心概念之一.群论是研究对称性质的数学方法,也正是因为群论的研究才使得代数学获得新生.群论的发端是从法国传奇数学家伽罗华[①]

[①] 伽罗华(E. Galois,1811~1832),对函数论、方程式论和数论作出重要贡献的数学家,其工作为群论奠定了基础,被公认为数学史上两个最具浪漫主义色彩的人物之一.

第二讲 基础思维的对象：类

(E. Galois,1811~1832)的两篇遗作开始的.伽罗华所处的时代正值法国大革命,他因为参加政治活动而被巴黎高等师范学校开除.他的政敌利用爱情纠葛挑起一场决斗,他在决斗中身亡,年仅 21 岁.或许有死亡的预感,在决斗的前夜,伽罗华通宵达旦地整理自己的数学手稿,并在遗书中写道[①]:"最终会有人发现,将这些东西解释清楚对他们是有益的."14 年后,法国数学家刘维尔[②](J. Liouville,1809~1882)在他主编的《纯粹与应用数学杂志》上发表了伽罗华的两篇遗作,伽罗华的工作逐渐被人们理解和重视.伽罗华是在研究高次方程的解的过程中发现了解的对称性,并且发明了群来刻画这种对称性,后来人们对群的研究逐渐深入,形成了代数学的一个重要分支群论.现代群论的核心工作之一就是有限单群分类,这个工作被称为世纪大定理,这个定理证明长达 15000 多页,全球几十个国家的几百位研究群论的学者直接参与其中[③].挪威政府于 2002 年创设的阿贝尔奖奖金高达 80 万美元,这个奖被誉为数学界的诺贝尔奖.2008 年的

◀ 问题起源于一般的五次方程是否存在公式解.

---

① 参见:李文林著.数学史概论[M].北京:高等教育出版社,2002:212.
② 刘维尔(J. Liouville,1809~1882),法国数学家.1836 年 1 月创办《纯粹与应用数学杂志》(Journal de matématiques pures et appli－quées),并亲自主持了前 39 卷的编辑出版工作.该杂志刊登纯粹、应用数学领域所有分支的论文,记录了 19 世纪中期的 40 年里数学活动的一部分重要内容,被后人称为"刘维尔杂志".
③ 参见:张继平.对称与分类[J].中国数学会通讯,2009(2)(总第 110 期):26~28.

阿贝尔①奖授予美国数学家汤普森②（J. Thompson，1932～　）和法国数学家梯茨③（J. Tits, 1930～　），以表彰他们在有限单群的分类工作中作出的杰出贡献.

由此可见，在现代数学的研究中，分类的问题是如此重要，又是如此繁杂. 显然，分类研究的前提是分类，而区分类的前提就是找到异相. 从哲学的角度似乎可以这样认为：**共相适用于研究类的内部，异相适用于研究类的区别**. 下面，我们讨论一些数学中的具体例子.

有理数的认识. 在义务教育阶段的数学教学中，对有理数的认识和理解是非常重要的，当然这也是教学的难点之一. 2008年，我曾经随教育部的一个代表团到美国讨论中小学数学教育. 进入21世纪以来，美国中小学数学教育出现了一些意见分歧. 根据美国布

---

① 阿贝尔（N. H. Able, 1802～1829），挪威数学家，15岁时其数学天分被数学教师洪堡（B. M. Holmbo, 1795～1850）发现，并给予指导. 16岁时写出一篇解方程的论文，让数学家戴根（C. F. Degen, 1766～1825）惊叹. 1824年解决用根式求解五次方程的不可能性问题. 1829年4月6日因病去世，一生数学成就很多，生前并未得到公正的认可.

② 汤普森（J. Thompson, 1932～　），生于美国堪萨斯州奥塔瓦，1955年毕业于耶鲁大学，1959年在芝加哥大学获博士学位. 在博士论文中，他解决了经过半个多世纪久攻未果的有限单群的伯恩赛德猜想和弗洛贝纽斯猜想，在有限群论方面作出了重要贡献，荣获1970年的菲尔兹奖.

③ 梯茨（J. Tits, 1930～　），法籍比利时数学家，生于比利时布鲁塞尔. 他在群论及其与几何的相互关系方面作出许多奠基性贡献，于1977年被选为巴黎科学院通讯院士，1979年成为院士，1988年成为荷兰皇家艺术与科学院外籍院士，1976年获Henri Poincaré奖，1993年因在群的代数结构理论以及其他类群方面的先驱性和基础性的贡献而获Wolf奖.

第二讲 基础思维的对象:类

什总统令,美国联邦教育机构于 2006 年组织了一个委员会专门研究这些问题,委员会由数学家、数学教育专家、心理学家和第一线的教师组成,两年后形成了题目为"成功的基础"的研究报告[1]. 我们这个代表团的主要任务是评价这份报告,同时在会上介绍中国大陆数学教育改革的情况,我是中方的主要发言人,讨论是激烈的,气氛也是融洽的. 那次讨论给我留下的印象是,**美国未来的中小学数学教育希望更加重视学生的知识和技能,而中国未来的中小学数学教育则希望更加重视学生的思考和直观**. 或许,这两个国家的中小学数学教育在背离的道路上都走得太远了,现在都希望取长补短,相互融合. 在那次会上,根据美国数学教育现状的调查报告,美国的学者强调了基础教育阶段的学生应当很好地理解并且掌握有理数,甚至提出,首先应当让中小学的数学教师真正理解有理数. 显然,美国学者提出的问题也应当引起中国数学教育界的重视.

◀据说,美国联邦教育机构对那次讨论相当满意,后来又召开了其他学科的讨论.

我们详细地分析有理数. 我想,掌握有理数的关键有两条:一是理解有理数的本质;二是把握有理数的运算. 我们曾经在第一辑中谈到,人们认识数的出发点是自然数,进一步是整数. 在整数的基础上,每一个有理数都可以表示为两种形式,比如,可以写成

---

[1] 原文为:Foundations for Success.

$$\frac{1}{4}, 0.25; \frac{1}{3}, 0.33\cdots \qquad (2.2)$$

等等.其中 $\frac{1}{4}$ 和 $\frac{1}{3}$ 是分数形式,0.25 和 0.33… 是实数形式.虽然这两种形式表示的是同样的有理数,但其功能是不同的.

分数是有理数的最初表现形式,主要功能是表示部分与整体之间的数量关系,或者表示线段长度之间的比例关系.古希腊的学者至少在 2500 年以前就很好地研究了分数形式的有理数,并且发现有些数不能表示为分数的形式,并称那样的数为无理数①.这样,古希腊的学者就用"是否能写成分数形式"作为区分有理数和无理数的异相,这种分类方法延续了 2000 多年.但是,通过这样的异相得到的无理数是无法用来讨论问题的,因为对于不能写成分数形式的数并没有给出确切的表现形式,因此这样的数很难比较大小,也很难进行运算.后来人们发现,可以用无限小数来描述无理数,比如

> 这两个特征是有理数的本质,而这个本质是通过分数形式表达的.

$$\sqrt{2}=1.4142135\cdots, \sqrt{3}=1.7320508\cdots, \qquad (2.3)$$

这样,无论是比较大小还是进行运算都变得可能了.并且,人们还发现分数也能写成小数的形式,比如像

---

① 参见:本书第一辑第四讲.

第二讲 基础思维的对象：类

(2.2)中的第二项和第四项那样.那么,是否可以建立基于小数的区分有理数和无理数的异相呢？历经2000多年,人们终于在极限理论的基础上[①],构建了新的异相:可以写成有限小数或者无限循环小数的为有理数,否则为无理数.也就是说,不能写成分数形式的无理数对应于无限不循环小数,就像(2.3)所示的那样.因为上述关于分数与小数的之间的转换是一一对应的,即条件和结果之间是充分必要的,因此,上面的论述也可以作为定义.这样,我们就得到了区分有理数和无理数的新的异相.

我们也应当看到,用小数形式表示有理数是为了建立实数理论的需要,其功能是比较大小和进行运算.因此,**用小数形式表示的有理数已经完全失去了原有的功能,仅仅保留了实数本身的性质**,这不利于讨论部分与整体之间的数量关系,也不利于讨论线段长度之间的比例关系.由此,针对研究问题的不同,选择合适的异相来分类是非常重要的.**在分类的过程中,基本思维方式就是根据经验进行类之间的比较,这种思维方式在本质上是归纳推理**.当然,为了得到确定性的结论,最终还需要演绎证明.毋庸置疑,这个从归纳到演绎的思维过程有利于我们理解有理数的本质.

◀人世间的事情往往是有一利便有一弊,对于数学概念的表述也是如此.

◀分类在本质上是基于归纳的,但其合理性的验证,则需要通过实验或者演绎证明.

在了解分数的加法运算之前,最好先知道如何比较分数的大小.对于初学者来说,比较两个实数的大

---

① 参见:本书第一辑第 8.1 节.

小是简单的,比较两个分数的大小是比较困难的.比较分数大小的核心是把要比较的分数划归为两种特殊情况,即两个分数的分母相等或者两个分数的分子相等:分母相等则分子大的分数大;分子相等则分母小的分数大.在一般情况下,人们已经习惯于把两个分数转化为分母相同的情况,然后再比较大小.在这个转化的过程中要利用一个法则,那就是任何数乘以 1 这个数的大小不变.比如,我们要比较 $\frac{2}{3}$ 和 $\frac{3}{5}$ 的大小,那么

$$\frac{2}{3} = \frac{2}{3} \times \left(\frac{5}{5}\right) = \frac{10}{15}, \frac{3}{5} = \frac{3}{5} \times \left(\frac{3}{3}\right) = \frac{9}{15}.$$

因为 $\frac{10}{15} > \frac{9}{15}$,则 $\frac{2}{3} > \frac{3}{5}$. 我们应当看到,这种形式的运算仍然保留了分数的原有功能,即一个圆被分割为 3 份或者 5 份的基础上都可以进一步被分割为 15 份,这就是公倍数的效能.因此,在进一步分割的基础上 3 份中的 2 份就变为 15 份中 10 份,5 份中的 3 份就变为 15 份中的 9 份.因为现在分割的基数相等,就可以比较大小了.

> 应当注意到,其中 $\frac{1}{15}$ 是两个分数共同的单位,因此在这个基础上可以比较大小.

上述法则也被用来进行分数的加法运算.比如,要计算 $\frac{2}{3} + \frac{3}{5}$,就要转化为相同分母的两个分数,然后进行运算,即

$$\frac{2}{3} + \frac{3}{5} = \frac{2}{3} \times \left(\frac{5}{5}\right) + \frac{3}{5} \times \left(\frac{3}{3}\right)$$
$$= \frac{10}{15} + \frac{9}{15}$$

第二讲 基础思维的对象：类

$$=\frac{19}{15}.$$

这是从原理出发的计算方法，在美国基础教育的数学教学中通常采用的就是这样的方法. 事实上，因为上述计算的核心是分母相等，那么，在计算的过程中可以得到一个分数运算的法则，即

$$\frac{2}{3}+\frac{3}{5}=\frac{2\times 5+3\times 3}{3\times 5}$$
$$=\frac{10+9}{15}$$
$$=\frac{19}{15}.$$

在中国基础教育的数学教学中，通常采用的就是这种从法则出发进行的运算. 采用这两种运算方法进行教学各有利弊，前者利于理解道理，后者利于实际计算. 我想，在教学过程中这两种方法都应当涉及，使得学生既能理解道理又会简洁运算. 至于教学的先后次序，那就是因人而异了. 由此可见，如果仅仅是为了讨论有理数，那么，用传统的分数形式表达有理数更为便捷.

◀ 在教学过程中，过分强调运算能力而忽略运算原理，是不利于创新人才培养的.

在进一步讨论之前，我们再一次回顾古代中国先哲们关于"异相"的论述. 就像没有给出"共相"这个术语一样，先哲们也没有给出"异相"这个术语. 但古汉语中的"同"表述的意义是十分丰富的，其中就有"共相"的含义；同样，古汉语中"异"表述的意义也是十分丰富的，其中就有我们说的"异相"的含义. 并且，与对"同"的精细分析一样，先哲们也对"异"进行了精细分析.

首先,《墨经》认定了"共相"和"异相"之间的关系①:同和异是相辅相成的,就像有和无那样.进一步,在《墨经》经上88中对"异"划分了等级②:

异可以分为四等:二、不体、不合、不类.完全不同的异为二;无从属关系的异为不体;不处同一空间的异为不合;无共性的异为不类.

> 在先哲的论述中,"二"和"不类",哪一个差异更大一些呢?

精神与物质是完全对立的,为二;牛头马嘴无从属关系,为不体;甲和乙不在一个公司上班,为不合;人与岩石无共性,为不类.虽然"异"的等级划分不如"同"的等级划分那样清晰,但是,我们仍然可以借助先哲的思考来分析异相的等级.我想,对于数学而言,两个类之间的异相大概可以分为三种情况:两个类之间完全不同;两个类之间存在共同的部分;两个类之间存在包含关系.对于这样的等级划分,可以作出这样的判断:第一种情况最容易辨认,第二种情况次之,第三种情况最难分辨.我们通过图形的识别来分析这个问题.

第一种情况,如果两类图形:一类是三角形,一类是四边形,那么,根据定义很容易辨别出哪一个是四边形;第二种情况,如果两类图形:一类是梯形,一类

---

① 原文为:同异交得放有无,参见:《墨经》经上89.
② 原文为:异:二、不体、不合、不类.二必异,二也;不连属,不体也;不同所,不合也;不有同,不类也.

第二讲 基础思维的对象:类

是平行四边形,那么,要辨别出哪一个是平行四边形就比较困难了,因为矩形是两类图形的共同部分;第三种情况,如果两个图形:一类是平行四边形,一类是菱形,那么,要区别这两类图形就更加困难了,因为平行四边形包含菱形.

◀ 小学生往往很难区分一个类中更加特殊的一类.

但是,对于上述第二种和第三种情况,如果我们能够恰如其分地找到一个分水岭作为异相,分类问题就会变得比较清晰.对于中小学的数学教育,这个问题是重要的.我们分析下面的例子.

三角形的认识.可以通过各种分类方法认识不同的三角形,比如在许多教科书中,都强调认识等腰三角形,或者认识等边三角形.但是,三角形最本质的分类还是把三角形分为锐角三角形、直角三角形和钝角三角形.因为任何角的表达都依赖于边,而这种三角形的分类方法恰恰涉及三角形边和角之间的关系.**在教学过程中,把这三类三角形的图形放到一起进行比较是必要的**,如图 2.2 所示,这有利于学生对三角形进行比较,在比较中理解问题的本质.在图中可以看到,直角三角形正是这种分类方法的分水岭,可以被称为异相.

◀ 类的划分依赖人为制定的标准.在教学过程中,可以尝试让学生自己制定标准,然后根据标准进行分类.

显然,上述分类还是一种形式上的分类,属于原始分类.但通过这样的分类就可以进一步研究三角形的性质,比如,可以进一步讨论勾股定理及其相关的问题.我们知道,勾股定理为:在直角三角形中,斜边的平方等于两个直角边平方之和.如图 2.2 所示,这个定理可以利用符号表示为

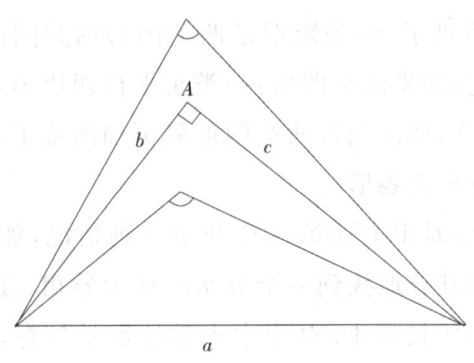

图 2.2　三角形的分类

$$a^2 = b^2 + c^2. \tag{2.4}$$

从图中我们还可以进一步直观地看到，对于锐角三角形，边之间的大小关系可以表示为

$$a^2 < b^2 + c^2. \tag{2.5}$$

对于钝角三角形，边之间的大小关系可以表示为

$$a^2 > b^2 + c^2. \tag{2.6}$$

并且我们可以直观想象，上面三个式子与三角形的分类之间构成充分必要的关系．如果这个直观是正确的，就可以用上面的三个式子重新定义类，从而得到实质分类．

▶ 首先是直观判断，然后才是演绎证明．

但是，从第 1.4 节我们知道，直观地"看出"的结论

第二讲 基础思维的对象：类

只是一种凭借经验的推断，如果要把这个"看出"的结果作为分类的原则，就必须对充分必要关系给出严格的数学"证明". 下面我们给出基于演绎推理的证明.

对任意三角形，三条边之间的关系都可以用余弦定理表示，即

$$a^2 = b^2 + c^2 - 2bc \cdot \cos A, \qquad (2.7)$$

其中 A 表示两条边 b 和 c 之间的夹角. 因为余弦函数是一个主值区间为 $0°$ 到 $180°$ 的单调减函数，取值范围在 -1 到 1 之间，其中 $90°$ 为分水岭. 也就是说，角度 A 由 $0°$ 到 $90°$ 变化时，函数值由 1 到 0；角度由 $90°$ 到 $180°$ 变化时，函数值由 0 到 -1. 所以 (2.7) 式就统一了上面的三个式子：当 A 为直角时，为 (2.4) 式；当 A 为锐角时，为 (2.5) 式；当 A 为钝角时，为 (2.6) 式. 这样，我们就得到了三个式子与分类之间的充分必要关系，同时，我们也得到了实质分类的异相.

通过上面的例子可以清楚地看到，对于数学的研究和教学，分类问题都是重要的. 如果希望清晰地分类，除了要了解类中事物的共同特征和性质之外，还应当进行相似的类之间的比较. 我们称前者为寻求共相，后者为找出异相. 虽然分类的目的是为了研究类中事物的性质，但在许多情况下，分类清楚了，类中事物的许多性质也就清楚了.

◀ 几乎所有数学定义和定理的思维基础都是分类.

第三讲 知识形成与归纳推理

阅读提示

原始分类主要依赖想象能力,实质分类主要依赖抽象能力.从函数定义的演变过程可以看到,最初的函数定义完全是形式的描述,因此这种定义对应于原始分类.当人们在这种原始分类的基础上逐渐认识了函数的本质,就进一步抽象出函数的实质定义,甚至得到完全符号化的函数定义.点、线、面的定义过程也充分地说明了这一点.

通过风险的定义过程,说明人们是如何利用归纳推理认识事物的特征,抽象出描述事物的概念,最终给出事物的定义,从而形成了关于这个事物的知识.让学生经历这样的思维过程,可以有效地培养学生的创新意识和创新思维.

可以把归纳推理描述为:从经验到的东西推断未曾经验过的东西.所以,归纳推理既是借助于类的推理,也适用于类的形成过程.如果演绎推理的魅力在于逻辑的严谨,那么归纳推理的魅力在于想象的丰富.

处理反例的方法通常有两种:第一种方法是修改定义,使得新的定义能够包含反例;第二种方法是给

第三讲　知识形成与归纳推理

出一个新的定义,使得新的定义适用于反例.

在上一讲,我们把类分为两种情况,一种情况是原始分类,一种情况是实质分类.在讨论的过程中可以看到,这两种形式分类的思维基础都是联想,思维过程都依赖想象能力和抽象能力.如果必须要对这两种能力的分类功能进行划分,那么似乎可以认为:原始分类主要依赖想象能力,实质分类主要依赖抽象能力.因此,为了得到一个合适的类,从原始分类的形成过程以及由原始分类逐渐抽象为实质分类的过程,归纳推理都是至关重要的.

▶ 如何让学生感悟人们认识事物是逐渐深刻的,这是数学教学的难点,因为教科书中给出的定义或者定理,都是千锤百炼的结果.

在这一讲,我们将讨论知识以及知识形成过程中的归纳推理.所谓的知识是指人们对于事物的认识,一般来说,这个认识是可以传递的,这个认识是建立在概念的基础上的.在这个意义上,**知识是一种结果**,这种结果可以通过经验得到,这种结果也可以通过思考得到.知识与定义是分不开的,因为人们形成了某一种知识,就必须给"这种"知识命名,否则无法记忆,也无法交流.此外,人们为了清晰地表述"这种"知识,还必须创造出一些概念,也必须给"这些"概念命名.正如爱因斯坦①所说的②:

---

① 爱因斯坦(Albert Einstein,1879~1955),举世闻名的德裔美国科学家,现代物理学的开创者和奠基人.
② 出自《关于实在问题的讨论》,这是 1950 年爱因斯坦写给英国作家塞缪耳(Semuel)的信.
参见:爱因斯坦文集·Ⅰ[M].许良英,范岱年编译.北京:商务印书馆,1976:512~513.

事实上,"实在"绝不是直接给予我们的. 给予我们的只不过是我们的知觉材料;而其中只有那些容许用无歧义的语言来表述的材料才构成科学的原料.

显然,爱因斯坦说的"无歧义的语言"是指得到人们广泛认可的那些概念或者定义,并且,只有借助这些概念或者定义描述的事物才能成为科学研究的对象,才能最终形成知识. 基于这个理由,我们集中讨论定义形成过程中的归纳推理.

> 认识知识的本质,把握知识的形成过程,对教育是非常重要的.

事实上,定义的形成过程与类的形成过程是非常相似的,特别是数学定义的形成过程. 人们在构建数学定义的开始阶段,即"创造"定义的发想阶段,首先在头脑中形成的必然是一个类,然后基于这个类进行思考. 我们首先讨论定义与类的关系,然后讨论归纳推理在定义形成过程中的作用,从而阐述归纳推理在知识形成过程中的作用,最后分析什么是归纳推理.

§3.1 定义与类的关系

关于分类的讨论,可以让我们回想起第三辑第一讲中关于定义的论述. 在那里,我们把数学的定义分为名义定义和实质定义. 其中把实质定义描述为:

给出准则构建一个集合 A,如果利用这个准则,

第三讲　知识形成与归纳推理

对任何元素 x 都能明确地判断元素 x 属于 A 还是 x 不属于 A，则称这个准则为定义，称 A 是这个定义对应的集合.

可以看到，我们说的"类"比上述定义所要求的"集合"宽泛得多. 特别是，原始分类是基于形式的，并不需要明确辨别类中的元素，更不需要明确判断一个元素是否属于这个类. 但是，这种看似粗糙的原始分类却是思考问题的基础，对于构建数学定义也是这样. 构建数学定义的核心是给出准则，我们不可能凭空给出一个准则，这个准则的思考基础必定是一个类. 并且，只有我们对类中事物的性质有所了解，知道此类事物与他类事物之间的差异，甚至得到实质分类，才可能构建一个明确的定义. 因此，分类是构造定义的基础. 下面，我们从几个重要数学定义的演变过程来说明这个问题.

◀ 对于创新性教育而言，首先应当引导学生学会"定义"一个事物，从而明确表述所要研究问题的对象.

函数的定义. 在现代中学的数学教育中，函数的地位已经是非常重要了，这个重要性是从 20 世纪初开始的. 在这之前，中学数学教学的主要内容是欧几里得几何. 这个转变是从 1905 年德国数学家 F. 克莱

因①(Felix Klein,1849~1925)主持制定的《米兰大纲》开始的,其中谈道:

应将养成函数思想和空间观察能力作为数学教育的基础.

现在,让我们回顾函数定义的演变过程②.

1673年,德国哲学家、数学家莱布尼茨③(G. Leibniz,1646~1716)在他的一部手稿中最早提出了函数(function)这个概念,他给出的定义是:

用来表示任何一个随着曲线上的点变动而变动的量.

莱布尼茨的这个定义与其说是定义还不如说是一个基于形式的分类,或者说是一个原始分类,是凭借经验的直观描述.但是,我们应当注意到,这样的描

---

① 克莱因(Felix Klein,1849~1925),德国数学家.他在1872年发表就职演说中,提出了著名的《爱尔兰格纲领》,对以后数十年间几何学的发展有极大影响.他是高斯曾经工作过的哥廷根大学数学系的教授,由于他的努力,以及希尔伯特(1895年)、闵科夫斯基(1902年)的先后到来,形成了哥廷根学派,成为19世纪末和20世纪初期世界数学研究的重要中心.

② 参见:史宁中著.教育与数学教育[M].长春:东北师范大学出版社,2006:348.
在中国,函数一词最初出现在《代微积拾级》中,这是清代数学家李善兰与英国传教士伟烈亚力于1859年出版的具有翻译色彩的著作,其中函数被定义为:凡此变数中函彼变数,则此为彼之函数.

③ 莱布尼茨(Gottfried Wilhelm Leibniz,1646~1716),出生于莱比锡,德国近代哲学的始祖、数学家和自然科学家.一个举世罕见的科学天才,和牛顿同为微积分的创建人.他博览群书,涉猎百科,对丰富人类的科学知识宝库作出了不可磨灭的贡献.一生没有结婚,没有在大学当教授.他平时从不进教堂,因此,他有一个绰号"Lovenix",即什么也不信的人.

第三讲 知识形成与归纳推理

述恰恰能抓住事物的本质特征,容易让人(当然也包括莱布尼茨本人)在头脑中想象出函数的特征.可是,这样的定义是不确切的,是禁不起推敲的.比如,我们很难解释清楚一个点如何在曲线上变动,更难解释清楚一个量如何随着点的变动而变动.因此,这种描述性的定义是不可靠的.

◀一个人的数学直观就是这样产生的,虽然直观本身很可能是不确切的.

针对莱布尼茨定义的不明确性,1718 年,瑞士数学家约翰·贝努利①(J. Bernoulli,1667~1748)把函数的定义说得非常明确:

函数是由变量 x 和常数组成的式子.

这个定义依然是形式的描述,与莱布尼茨不同的是,这个定义是一种单纯的符号描述.单纯的符号描述是不会引发任何歧义的,但在这样的定义下,所有的函数就只是由变量和常量表述的式子,这不仅仅把函数的类限制得非常小,并且完全掩盖了函数的本质:一个变量随着另一个或者另一些变量的变化而变化.所以,贝努利的定义既不利于研究函数的性质,也不利于用函数来研究实际问题.

---

① 贝努利家族是 17~18 世纪瑞士巴塞尔数学和自然科学家的大家族.祖孙三代,出过十多位数学家和物理学家.原籍比利时安特卫普,1583 年迁居德国法兰克福,最后定居瑞士巴塞尔.其中有三个人成就最大,即雅各布·伯努利(Jacob Bernoulli,1654~1705),约翰·伯努利(Johann Bernoulli,1667~1748,雅各布之弟),丹尼尔·伯努利(Daniel Bernoulli,1700~1782,约翰之子).

1755年，杰出的瑞士数学家欧拉①（Euler，1707~1783）给出了一个现在我国的初中数学教材中仍然使用的定义：

如果某变量以如下方式依赖于另一些变量，即当后者变化时，前者本身也发生变化，则称前一个变量是后一些变量的函数．

这个定义不是形式的描述，述说了函数的本质，因而是实质性定义．这个定义强调了变量，在现在的许多教科书中称前一个变量为因变量，后一些变量是自变量，这样就突出了函数变量之间的依赖关系，人们称这样的定义为函数的**变量说**．欧拉的这个实质定义是清晰的，并且具有很强的物理背景，可供直观想象．但是，这个定义还不够抽象，不利于研究函数的性质．比如，用这个定义就很难判断两个函数等价：如果我们认定取常数的量也是一种变量，那么，下面两个式子

▶ 一个好的定义依赖于"精确"的抽象和"准确"的表达．

$$f_1 = \sin^2 x + \cos^2 x \text{ 和 } f_2 = 1 \tag{3.1}$$

表达的是一个函数还是两个函数呢？

---

① 欧拉(Leonhard Euler,1707~1783)，瑞士数学家、天文学家、物理学家，一生著作甚多，有《欧拉全集》74卷．

第三讲 知识形成与归纳推理

后来在 1851 年,德国数学家黎曼①(Roemann,1826～1866)对函数进行了进一步的抽象,给出了现在我国高中数学教科书中使用的定义:

我们假定 x 是一个变量,如果对于它的每一个值,都有未知量 y 的一个值与之对应,则称 y 是 x 的函数.

因为在这个定义中涉及了取值的概念,使得我们可以确认函数的定义域和值域,这对研究函数的性质是非常重要的. 比如,如果定义:对于表达形式不同的两个函数,如果这两个函数定义域相同,并且对于定义域中的每一个值,对应的函数值都是相同的,则称这两个函数等价. 那么,根据这个定义(3.1)式中的两个函数就是等价的. 但是,这个定义涉及了对应的概念,所以在定义函数之前需要先定义什么是对应;而定义对应又涉及集合的概念,还需要事先定义集合. 于是,在这种连环定义的过程中,函数原本的物理直观背景就逐渐消失了,使得问题变得更加复杂. 因为这种定义强调的是对应,人们称这样的定义为函数的**对应说**.

到了 20 世纪,数学界有名的法国布尔巴基(N.

◀一个精确的定义,往往需要多层次的抽象,需要概念的叠加.

---

① 黎曼(Georg Friedrich Bernhard Riemann,1826～1866),19 世纪富有创造性的德国数学家、数学物理学家. 黎曼在分析与几何上有极广泛而且重大的贡献,其空间观念与方法,影响波及现代理论物理,尤其是广义相对论.

(法)布尔巴基,胡作玄译,大连理工大学出版社2009年出版.这是上个世纪最有影响的数学家集体布巴基学派的文集.这个学派以布尔巴基名义发表的著作,主要是多卷本的《数学原理》,而以布尔巴基名义发表的论文,只有《数学的建筑》和《数学研究者的数学基础》能集中反映该学派对数学的基本观点.

Bourbaki)学派[1]认为函数的定义应当强调数量之间的关系,他们于1939年给出了函数的新定义:

若 X 和 Y 是两个集合,称由数对(x,y)组成的集合为笛卡儿积,其中$x\in X, y\in Y$;笛卡儿积中的一个子集 F 被称为 x 和 y 之间的一种关系.如果关系 F 满足,对每一个 $x\in X$,都存在唯一的一个 y,使得$(x,y)\in F$,则称 F 是一个函数.

这个定义实在是太抽象了,这个抽象已经使人感到费解.虽然用"数对"来表现数量之间的关系是方便的,但为了这个方便付出的代价实在是太大了,这个定义已经完全淹没了函数的物理背景.因为这种定义强调的是关系,人们称这样的定义为函数的**关系说**.据说,有些国家基础教育阶段的数学教科书中采用了这种定义[2].

从函数定义的演变过程可以看到,最初的函数定义完全是形式的描述,因此这种定义对应于原始分类.当人们在这种原始分类的基础上逐渐认识了函数的本质,就进一步抽象出函数的实质定义,甚至得到完全符号化的函数定义.虽然随着人们对于函数本质

---

[1] 尼古拉·布尔巴基(Nicolas Bourbaki)是20世纪一群法国数学家的笔名.他们由1935年开始撰写一系列述说现代数学的书籍.这些书籍以把整个数学建基于集合论为目的,建立了一些新术语和概念,致力于做到最极端的严谨和泛化.布尔巴基是个虚构的人物,布尔巴基团体的正式称呼是"尼古拉·布尔巴基合作者协会",在巴黎高等师范学校设有办公室.

[2] 参见:张奠宙,张广祥著.中学代数研究[M].北京:高等教育出版社,2006:93~95.

第三讲 知识形成与归纳推理

认识的深刻,得到的定义越来越具有一般性,但是,这种一般性是以丧失物理直观为代价的.这就告诉我们,在函数的教学过程中,仅学习一种形式的函数定义是不够的,我们既要考虑定义的一般性,也要顾及定义的物理直观.因此,在中国基础教育的函数教学中,初中阶段使用函数的变量说、高中阶段使用函数的对应说是很有道理的.这也要求广大的教师能够很好地理解这个道理,体现于教学活动之中.

◀ 每一个抽象的数学定义和运算法则,都有许多具体的物理背景作为支撑.

点、线、面的定义. 从函数定义的演变过程我们可以看到,所有的思考都是凭借想象,当然这些想象是具有物理背景的. 与此不同,图形的定义或者说几何的定义凭借的是我们的视觉,是看得见摸得着的. 那么,这样的定义也遵循同样的法则吗?我们分析一个几何学的例子.

我们在第二辑曾经讨论过欧几里得(Euclid,约公元前330~前275)的《几何原本》中关于点、线、面的定义,这些概念都是几何学要研究的基本对象.欧几里得给出的定义是:

点是没有部分的.线只有长度没有宽度.面只有长度和宽度.

可以看到,欧几里得给出的定义就是几何图形的一种白描,这样的白描是非常自然的.几乎在同时代

的中国也有类似的定义,比如《墨经》中的定义①:

点是没有厚度物体的最前端;平行线是高度相等的线;圆是到中心点相等的曲线.

也几乎在同一个时代,《庄子·天下》中记载了惠施②(约前370～前310)曾经说过的"十事",其中关于平面有一个非常生动的说法③:

没有厚度的东西也可能有千里之大.

▶ 这就是数学定义为什么必须经过高度抽象的真正缘由.

可惜的是,凡是具体的述说都必然是片面的,都是可以举出反例的.无论是欧几里得的还是古代中国的定义都过分地依赖经验,过分地依赖物理直观,这样的定义是禁不起推敲的.比如,在这样的定义下,很难述说一个基本事实:两条直线相交必然交于一点.因为我们无法清晰地说明:两条直线相交如何能够相交出一个没有部分的东西,或者,两条直线相交如何能够相交出一个没有厚度的前端.即便如此,只要人们不过分地较真,这种原始的直观定义依然可以作为人们研究几何问题的对象,甚至可以激发人们创造的

---

① 原文为:端,体之无厚而最前者也(经上61);平,同高也(经上53);圜,一中同长也(经上59).其中经上61原文为:端,体之无序而最前者也;清代王引之(1766～1834)认为"序"与"厚"隶书相似而误,参见:孙诒让著.诸子集成·墨子闲诂.上海:上海书店,1935.

② 惠施(出生于约前370年,逝世于前310年),中国战国时期的一位政治家、辩客和哲学家,宋国人,但他最主要的活动地区是魏国.

③ 原文为:无厚不可积也,其大千里.

第三讲　知识形成与归纳推理

灵感.事实证明,基于这样的定义,欧几里得的几何学确实得到了很好的发展,在相当长的时间内成为数学的核心.

◀ 直观与推理恰恰构成几何学的两个核心.

直到两千多年以后,由于建立微积分理论的需要,人们必须对极限这种新的计算方法给出清晰的描述;与此相关,必须对实数的连续性给出严格的证明.这些实际需要迫使数学家们必须对数学的本质进行深入的思考,必须重新审视数学的基本概念.为了数学的严谨性,伟大的德国数学家希尔伯特[①](Hilbert,1862~1943)在《几何基础》中给出了几何对象的符号化定义:

◀ 现实的需要是促进数学发展的最强的动力.

设想有三组不同的对象:第一组的对象叫做点,用 $A, B, C, \cdots$ 表示;第二组的对象叫做直线,用 $a, b, c, \cdots$ 表示;第三组的对象叫做平面,用 $\alpha, \beta, \gamma, \cdots$ 表示.

符号化的定义显然是名义定义,这样的定义是不可能出现悖论的.比如,在这样的定义下,两条直线相交于一点这个命题只是一种抽象的述说,或者说,只是一种理念的述说,这样的述说是无可非议的.但是我们也应当看到,这样的定义也是令人费解的.可以

◀ 研究对象的符号化已经成为现代数学的特征之一.

---

① 希尔伯特(David Hilbert,1862~1943),德国著名数学家,出生于东普鲁士哥尼斯堡,自 1895 年起任哥廷根大学的终身教授,1928 年成为皇家学会会员.希尔伯特在几何和数学基础上的影响深远,收集的 23 个问题对 20 世纪数学发展的进程产生了深远的影响,其中仍有许多问题尚未解决.

设想,如果没有欧几里得直观几何两千多年的铺垫,我们不可能理解希尔伯特的定义到底说了些什么.

从函数定义三百多年、点线面定义两千多年的演变历史可以看到,最初的定义只是基于外在形式的描述,这与原始分类并没有本质区别.但是,恰恰是因为有了这种类似原始分类的定义,使得人们能够"集中精力"研究这个类中事物的性质,得到事物的本质特征,最终形成一般定义.因此,我们可以把"原始分类"看做"定义"的前期准备,这个准备是基于经验的,这个准备的思维基础是基于联想的想象和抽象.因此,这个前期准备就构成了"创造"定义的过程,因而也构成了"创造"知识的过程.虽然在定义的最终述说中,这个过程是不被表达的,但是,这个思维的过程却是现实的.我想,不仅是数学,其他学科的定义形成过程大概也是这样.

> 当人们着手研究一个还没有成为数学问题的实际问题时,就能够体会到这种前期准备的重要性,有时人们称这个过程为实际问题的科学化过程.因此出现了问题的三个阶段:实际问题、科学问题、数学问题.

§3.2 知识形成过程中的归纳推理

我们讨论了数学定义与分类之间的关系,分析了定义是如何从形式描述逐渐过渡到实质定义、过渡到符号化的名义定义;我们也分析了在定义的形成过程中原始分类的重要作用,指出原始分类是人们构建定义的思维基础.

第三讲 知识形成与归纳推理

现在,我们将借助定义形成的思维过程讨论知识形成的思维过程. 我想,虽然人们对事物的认识以及给事物的命名要比数学的定义更广泛,但在形成过程中依赖的逻辑思维方法是一致的,这个逻辑思维方法就是归纳推理. 为了更好地说明问题,我们详细地分析一个与生活有关的数学例子. 在分析过程中,我们将尽可能地说明人们是如何利用归纳推理认识事物的特征,抽象出描述事物的概念,最终给出事物的定义,从而形成关于这个事物的知识.

◀ 我们将讨论,一个比较复杂的数学定义是如何得到的.

如何认识风险. 在现代社会,人们经常会谈论到风险这个名词. 无论是购买股票,还是购买房子,甚至关于孩子的教育,自己工作的选择,都要涉及风险. 可是,我们应当如何定义风险呢?

为了给出一个好的定义,在通常情况下,需要事先规划一个思维过程. 以定义风险为例:首先,划分什么样的事物是有风险的,形成一个并不确切的类,即形成原始分类;然后,从这个类中抽象出事物的共性,给出风险的描述;最后,归纳总结出风险的定义. 如果可能,最终通过演绎推理证明定义的合理性. 在这个思维的过程中可以看到:**原始分类是思考定义的基础,归纳推理是构建定义的基础,演绎推理是确认定义的基础**. 遵循上面所说的思路,首先回顾人们是如何谈论风险的,我想,就话语表达而言,大体上可以分为三类情况:

◀ 这恰恰揭示了归纳推理在定义形成中的独特作用.

让我们认真分析这件事情的风险到底有多大.

这件事情的风险不大,可以做.

这件事情的风险太大,不能做.

由上面的话语,我们至少可以抽象出三个与风险有关的事物的共性:

> 抽象出的共性要尽可能全面,即使有些性质在最后的定义中并不出现.

1. 具有风险的事物必然具有不利的一面;
2. 不利一面是否发生是随机的;
3. 风险的大小是可以度量的. (3.2)

这就启发我们,还需要对具体事例进行分析,提炼出能够清晰描述风险的概念;并且,在概念的基础上抽象出借助符号表达的算式,利用这个算式来度量风险的大小.这样,我们考虑两个事例:

购物. 购买商品是具有风险的,因为可能买到次品.因此,购买到次品是"购买商品"这个事件的不利一面;买到次品这样的事件可能发生,也可能不发生,因而是随机的;因为不同厂家次品的比例不同,因此,不利事件发生可能性的大小是可以度量的.比如,有 A 和 B 两箱同样形式的产品,来自不同的厂家.如果已知 A 箱的废品率是 1%,B 箱的废品率是 10%,你买哪个箱子的产品呢?这个问题很简单,通常情况下买 A 箱的产品,因为在这种选择下不利事件发生的可

第三讲　知识形成与归纳推理

能性小.

为了以后讨论问题的方便,我们称不利事件发生可能性的大小为不利事件发生的**概率**.上面的例子告诉我们,在购买商品的时候可以有两种选择,购买者可以在这两种选择中决定其中的一种,我们称这种对于选择的决定为**决策**.在通常情况下,人们选择不利事件发生概率小的决策,称这样的选择为**最优决策**.可以看到,在对具体事物的分析过程中,人们逐渐形成一些概念.这些概念有两个基本要点:一是从事物中抽象出来的最为本质的东西;二是抽象出来的东西有利于进一步分析问题.

◀用以表示数学定义的数学概念就是这样产生的,可以看到,其中的物理背景是非常清晰的.

也可以看到,在上面的分析过程中,人们关于风险的知识也就逐渐形成了.这种分析具体事例,从中得到核心概念的抽象方法,其思维过程依赖的就是归纳推理,这是因为所有的推断都是基于经验的.虽然在教学过程中,很可能会遵循着一条完全相反的路线,即先给出概念然后举例说明,但是作为教师必须清楚:在知识形成的过程中,**所有的概念都是从具体的事例中抽象出来的**.因此,我们述说的获取知识的方法不仅是自然的,也是必然的.

既然建立了决策的概念,那么,就必须进一步讨论决策与风险之间的关系,否则这个概念的建立就没有必要了.我们仍然利用具体的事例进行讨论.

决斗. 这个例子类似田忌赛马. A、B、C 三人决定用手枪决斗解决彼此间的冲突. 其中,A 的枪法最差,命中率为 $\frac{1}{3}$;B 好一些,命中率为 $\frac{2}{3}$;C 的枪法最好,几乎百发百中. 为此,他们商定了一个公平的决定:A 打第一枪,其次是 B,然后是 C. 现在的问题是,A 如何打第一枪?

这是一个生命攸关的决策问题,A 可能有下面的决策和风险:

决策一:选择 B. 那么有两种可能结果:击中 B,然后 C 射击 A,A 几乎是必死无疑,这个可能性是 $\frac{1}{3}$;未击中 B,然后 B 选择 C. 可以估算,在第一轮中 A 自己被击中的可能性至少在 $\frac{1}{3}$ 以上.

决策二:选择 C. 也有两种可能结果:击中 C,然后 B 射击 A,这样,A 被击中的可能性是 A 和 B 两个人命中率的乘积,即 $\frac{1}{3} \cdot \frac{2}{3} = \frac{2}{9}$;未击中 C,然后 C 可能射击 B. 可以得到,在第一轮中 A 被击中的可能性是 $\frac{2}{9}$.

因为 $\frac{2}{9}$ 小于 $\frac{1}{3}$,因此决策二比决策一好. 可是,对于 A 来说,还有更好的决策吗?事实上,如果 A 对天空开枪,那么,在第一轮中 A 被击中的可能性是 0.

归纳上面的事例,我们可以直观地知道,不同的决策对应于不同的风险,因此在建立了决策概念的基

▶ 这种决策是出乎意料的,但却是认真思考的结果.

础上,关于风险(3.2)的共性中至少还要加上一条:

  4. 风险与决策有关.   (3.3)

  这样,通过对于与风险有关的事例的研究,我们建立了一些概念,并且通过这些概念加深了对风险的认识. 现在,我们可以对于风险给出一个粗略的、描述性的定义了:

  风险是决策的函数,与决策对应的不利事件发生的概率有关.   (3.4)

  这种描述性的定义可以在人们的头脑中形成一个直观的记忆,这个记忆是可以传递的. 因此,这个定义使得我们形成了一些关于风险的知识. 但是,仅仅考虑不利事件发生的概率就足够了吗?是否可以进一步量化地刻画风险呢?分析一个投资的例子.

◁ 对于一般性的知识而言,这样的定义就足够了. 但为了得到数学表达的定义,还需要更加深刻的分析.

  投资. 有 10000 元钱可以用于投资. 有两种投资方式可以供选择:一种方式是稳定的,比如购买国家债券;一种方式是不稳定的,比如购买某种股票. 假设我们知道这样的信息:购买国家债券一年后可以稳定收入 600 元;购买股票,一年后如果成功,可以收入 1500 元,如果失败,将损失 1000 元,并且我们还知道成功的概率为 0.8. 应当如何决策呢?

我们来详细地分析这个问题. 为了给出一个风险相对小的最优决策, 我们必须给出一个可以用于计算的关于风险的定义, 并且, 为了推理的方便, 我们必须把一些概念符号化. 根据(3.4)的描述, 用 D_1 和 D_2 分别表示选择第一种方式和选择第二种方式的决策, 用 H_1 和 H_2 分别表示投资成功和失败的事件. 显然, H_1 和 H_2 是投资一年后可能出现的状况, 为了讨论问题的方便, 称其为**状态**. 由已知条件, 两种状态发生的概率分别为

$$P(H_1) = 0.8, P(H_2) = 0.2.$$

下面需要分析投资的损失. 从表面看, 采用第一种方式 D_1 是不会出现损失的, 但是对于投资问题, 人们普遍认为: 可能得到的收入而没有得到就是损失. 因此, 如果状态 H_1 发生, 即购买股票成功, 那么采用决策 D_1 就会出现 $1500 - 600 = 900$(元)的损失. 同样的道理, 如果状态 H_2 发生, 即购买股票失败, 那么采用决策 D_2 就会出现 $1000 + 600 = 1600$(元)的损失. 用 $L(D, H)$ 表示状态 H 下决策 D 的损失, 通常称这个二元函数为**损失函数**. 通过上面的分析, 可以得到投资问题的损失函数为

$$L(D_1, H_1) = 900; L(D_2, H_1) = 0;$$

$$L(D_1, H_2) = 0; L(D_2, H_2) = 1600.$$

如果再考虑状态出现的概率, 那么, 根据(3.4)的描述可以得到两种决策的风险分别为

$$R(D_1)$$

> 概念的符号化不仅便于定义的表述, 并且便于实际的计算.

> 为了研究问题的方便, 往往需要不断地增加概念.

第三讲 知识形成与归纳推理

$= L(D_1, H_1) P(H_1) + L(D_1, H_2) P(H_2)$

$= 900 \times 0.8 + 0 \times 0.2 = 720;$

$R(D_2)$

$= L(D_2, H_1) P(H_1) + L(D_2, H_2) P(H_2)$

$= 0 \times 0.8 + 1600 \times 0.2 = 320.$

因为 $R(D_2)$ 小于 $R(D_1)$,根据选择风险小的原则,最优决策应当是采用第二种方式进行投资.

从上面的分析中可以看到,我们谈论风险,实质上是在谈某一种决策的风险,这样,风险就可以表达为决策的函数,比如我们用 $R(D)$ 符号化地表达了这个关系.我们可以看到,这个函数恰恰是损失函数的加权平均,其中的权为各种状态出现的概率.这种以加权平均的形式出现的函数是一类非常重要的函数,因为这样的函数表达了未来可能出现情况的平均状态,人们通常称这样的函数为**期望**.现在,我们就可以对风险给出进一步的描述性定义了:

◀ 学习过数学的人,往往对问题的理解会更加准确.

◀ 这是一个很重要的数学概念.

风险是决策的函数,是损失函数的加权平均,其中权为状态发生的概率. (3.5)

总括上面的讨论,特别依据(3.5)的描述,就可以给出风险的一般性定义了,并且在这个定义中给出选择最优决策的方法.表述如下:

◀ 如果没有前面的讨论,我们很难理解这样的定义到底说了些什么.

假定事情的结果可能有 n 个状态,表示为:H_1, $\cdots$, H_n;已知或者估计这些状态发生对应的概率分别为:$P(H_1)$, $\cdots$, $P(H_m)$. 如果我们有 m 种决策方法:D_1, $\cdots$, D_m,决策方法与状态之间的损失函数为 $L(D, H)$,则定义决策 D_k 的风险为

$$R(D_k)$$
$$=L(D_k, H_1) \cdot P(H_1)+\cdots+L(D_k, H_n) \cdot P(H_n),$$

其中 $k=1, \cdots, n$. 称 D_k 为最优决策,如果 D_k 是一种决策,并且对任何 $h \neq k$ 有 $R(D_k) \leqslant R(D_h)$. (3.6)

▶ 可以看到,选择合适的事例研究问题是很重要的,这种选择往往凭借的是个人经验的积累.

这样,我们就通过对具体事例的分析,逐渐抽象出风险的定义,并且用符号表达了这个定义. 可以看到,最初从事例中抽象出的四个共性是非常重要的,这四个共性是我们构建定义的原则. 可惜的是,在我们的教学过程中,往往只给学生呈现已经成型了的定义,或者已经成型了的知识,而不讨论形成这些知识的过程. 事实上,知识的创造都体现在这个过程之中,甚至可以说,只有让学生经历这样的思维过程,才可能有效地培养学生的创新意识和创新思维. 虽然讨论知识的形成过程是一件非常困难的事情,但是,只要我们把握过程的发展脉络,这样的教学还是可能的. 我想,这个脉络就是:**从事例中抽象出共性,利用共性制定原则,基于原则确立定义**. 进一步,如果我们建立了某一事物的定义,那么就得到了关于这个事物的可传递的知识.

第三讲 知识形成与归纳推理

凡是与日常生活和生产实践关系密切的问题,往往很难给出非常一般的定义,因为实际问题非常复杂,总是会有例外出现. 比如,我们已经给出了风险的定义,但是,这个定义足够一般吗？是否还有其他的情况没有被考虑到呢？因此,当一个定义被确立之后,我们仍然需要思考这个定义的适用范围,**这时的思考往往不是寻求共性,而是寻找那些可能是例外的东西**. 同样,我们必须也只能从具体的事例出发开始这样的思考. 比如,进一步考虑购物的问题.

购物(续). A 箱的废品率仍然是 1%,B 箱的废品率仍然是 10%. 但是,两个箱子产品的价格是不同的：A 箱产品的价格为 22 元,B 箱产品的价格为 20 元. 在这种情况下,应当买哪个箱子的产品呢？或者说,应当作怎样的决策呢？

这个问题是很实际的,好的东西自然会贵一些. 在这个时候,人的心理将很大程度地影响决策. 一个比较稳重的人,可能就会选择 A 箱的产品;一个喜欢冒险的人,可能就会选择 B 箱的产品. 如果产品的废品率相差很大,并且价格相差也很大,就更能体现人的心理作用. 现在,我们还是比较理性地分析这个问题.

如果用 D_1 和 D_2 分别表示购买 A 箱产品和 B 箱产品的决策,用 H_1 和 H_2 分别表示产品是正品和次

◀ 基于实际问题的数学是一种最有意义的数学,也是一种最为困难的数学. 因为需要抽象出研究的对象,还要规划出研究的路径.

品两个状态.我们可以发现,现在问题所涉及的风险与(3.5)描述的是不同的.在原来的问题中,状态 H 与决策 D 之间并没有直接关系,因此状态 H 发生的概率 $P(H)$ 与决策 D 无关.在现在的问题中,因为两个箱子的产品价格不同,导致不同的决策对应状态发生的概率也不同:决策 D_1 时,$P(H_1)=0.01,P(H_2)=0.99$;决策 D_2 时,$P(H_1)=0.1,P(H_2)=0.9$.因此,针对现在的问题,由(3.5)给出的风险的定义是不适用的.即便如此,我们也不能简单地否定由(3.5)所给出的风险的定义,只能说:定义的适用范围有限."适用范围有限"这个命题是有一般性的,因为人世间的事物错综复杂,越是有应用背景的方法越是具有局限性.解决问题的唯一出路是,找出这个方法的适用范围构建一个类,然后声明:这个方法适用于这一类问题.

现在需要考虑此类与彼类之间的差别.我们在2.2节讨论过,这样的问题需要找出异相.通过上面的分析可以认定异相为:状态发生概率是否与决策有关.因此我们可以声明,由(3.5)定义的风险适用于的一类问题是:状态发生的概率与决策无关.

> 科学研究就是这样逐渐深入下去的,而引发研究深入的动力就是问题,因此,能够发现问题是很重要的.

为了探求另一类问题的答案,我们需要对问题进行更加深入的分析.如果两种决策都买到正品,这时我们认定决策 D_2 没有损失,而对于决策 D_1,相应的损失是 $22-20=2$,这个概率是 $1-10\%=90\%$,因此风险是 $2\times 90\%=1.8$.如果两种决策都买到废品,那

第三讲 知识形成与归纳推理

么决策 D_1 的损失是 22,概率是 1‰,因此风险为 $22×1‰=0.22$;决策 D_2 的损失是 20,概率是 10‰,因此风险是 $20×10‰=2$. 这样,我们就可以得到

决策 D_1 的风险:$1.8+0.22=2.02$;

决策 D_2 的风险:2.

因此,决策 D_1 的风险要比决策 D_2 大一些,即决策 D_2 要比决策 D_1 好. 读者可能会认为,这样细小的差别还值得计算吗?事实上,上面的计算与金额的单位无关,如果金额单位是亿元或者兆元,我们就会认为这样认真的计算是必要的.

通过上面的事例分析,可以帮助我们归纳出关于风险的更为一般的定义,使得这个定义适用于状态发生的概率与决策有关的一类问题. 有兴趣的读者,可以尝试地给出具体的定义方法. 我们还可以想象,随着问题研究的逐渐深入,很可能需要对于各类问题给出风险不同的定义. 事实上,只有这样的分类研究,才可能建立起符合客观实际的概念,以及建立在概念基础上的定义. 在通常情况下,人们称那些针对某一类实际问题而构建的数学概念和方法为**模型**,因此,**模型是连接数学与现实世界的桥梁**. 我们将在本书的下一辑详细讨论模型的问题.

◁ 当你自己思考给出定义时,就会发现把一些思想确定下来是非常困难的.

在风险定义的过程可以知道,数学的实质定义是从现实背景中抽象出来的,通过概念、符号或者算式给予表达,这个过程借助的思维过程就是归纳推理.

§3.3 归纳推理与类的关系

在前面的讨论中,我们已经多次使用了归纳推理这个词,并且在绪言中给出了归纳推理的定义:按照某些法则进行的前提与结论之间有或然联系的推理.但是,这个定义过于宏观不具有可操作性.为了广大的中小学教师在教学过程中更好地把握归纳推理,让学生体会如何借助归纳推理发现新的知识,发现规律性的东西,从而帮助学生建立创新的意识,积累创新的经验,我们需要反复地说明什么是归纳推理,说明在思维过程中归纳推理是如何作为的.在这一节,我们只讨论归纳推理与类的关系,从而说明我们说的归纳推理与传统的关于归纳推理述说之间的区别.

▶ 因此,归纳推理是人们认识世界不可或缺的.

首先,单纯从性质角度对归纳推理进行分析.我想,从性质的角度或许可以把归纳推理描述为:**从经验到的东西推断未曾经验过的东西**.如果这个命题成立,那么,归纳推理就与抽象有着许多相似的地方,因为抽象是从经验开始的,得到一些超出经验的东西.或许我们可以把话说得更明白一些:**抽象思维依赖归纳推理**.这样,前两节的论证也就顺理成章了,因为前两节论证的要义是:定义、进而知识形成过程中归纳推理的作用,而所有的定义、进而知识都是抽象的结果.因为定义、进而知识的形成与"类"的形成不可分

第三讲　知识形成与归纳推理

割,所以我们同时论证了"类"形成过程中归纳推理的作用.这样,我们说的归纳推理就与传统的关于归纳推理的述说出现了区别.

该书系统地论述了合情推理的模式,评述它们彼此之间以及与概率计算的关系,并扼要地讨论了它们与数学发现及教学的关系.

传统的归纳推理认为,必须先有一个类,而归纳推理就是基于"这个类"的推理.英国哲学家穆勒①(J. Mill,1806~1873)被认为是古典归纳逻辑的集大成者,他在《逻辑学体系》一书中谈道②:

出于研究的目的,可以把归纳定义为对发现和验证一般命题的过程.如上文所述,通过间接地判明个别事例而对那一类事例建立普遍原理,便是确切的归纳.

穆勒并没有明确地定义归纳推理,只是为了研究的需要,才给出了上面的述说.按照这个述说,在进行归纳推理之前必须有思维的对象,这些思维对象就是一个已经形成了的类.于是,**归纳推理就是由这个类中个别事物成立的命题推断这个类中所有事物命题成立的思维过程**.这种关于归纳推理的说法一直影响到现今,比如,金岳霖在《形式逻辑》中谈道③:

◀这是归纳推理相对合理的定义.

---

① 约翰·穆勒(John Stuart Mill,1806~1873),英国著名哲学家和经济学家,19世纪影响力很大的古典自由主义思想家.

② 本文译自:John Stuart Mill, A System of Logic: *Ratiocinative and Inductive*, New York: Harper & Brothers, Publishers, 1882(8th—Editopm):208.严复(1853~1921)曾经部分地翻译了这部书,参见:严复.穆勒名学.北京:商务印书馆,1981.《穆勒名学》原出版于1905年,金陵金栗斋木刻;1931年,商务印书馆再版,汇入《严译名著丛刊》.

③ 参见:金岳霖著.形式逻辑[M].北京:人民出版社,2005:211~212.

归纳推理一般说是由个别的事物或现象推出该类事物或现象的普遍性规律的推理.

或许他们在进行上面的述说时,头脑中思考的、进而述说的类并不一定是一个非常确切的类,但是,根据他们述说的言语分析,为了确认一个命题对于类中的事物是否能够普遍成立,这个类本身又不能是过分模糊的.因此,为了使他们述说的命题成立,所说的类仅仅基于形式就不够了,所说的类必须建立在性质之上.如果这个类本身就不确切,那么,发现了一个事物不符合"普遍性规律",将作何判断呢?我们将无法确认是因为"普遍性规律"本身出现了问题,还是因为那个"事物"根本就不属于这个类.比如,欧洲人很喜欢天鹅,他们看到的天鹅都是白颜色的,于是得到结论:天鹅是白颜色的.如果套用上面的述说,那么就是在"天鹅"这个类中推出"白颜色"这个普遍性规律.可是,后来人们又发现有些天鹅是黑颜色的,于是结论就不正确了.那么,问题出在什么地方了呢?显然,问题并不在于白颜色这个普遍性规律,而是在于人们最初认定的天鹅这个类不确切,其中就没有包括黑颜色的天鹅.因此,人们发现了黑天鹅,并不是改变了普遍性规律,而是扩充了天鹅这个类.当然,随着类的扩充,原来的普遍性规律也就不成立了.

这样,传统的关于归纳推理的述说就不全面了.

▶ 他们并没有把问题思考得非常仔细.

▶ 人们往往需要从相反的角度思考问题.

第三讲 知识形成与归纳推理

虽然"推出该类事物的普遍性规律"是归纳推理非常重要的方面,但绝不是全部.归纳推理是一种基于类的推理,归纳推理也适用于类形成的过程.我们都有这样的生活经验,在探讨一类事物的性质时,为了使得这个性质更确切,必须重点考虑可能不满足这个性质的那些事物,并且着力判断那些事物是否属于这个类.

◀ 虽然在所有教科书中,关于知识的表述都是明确的,但这个知识的形成却是千变万化的.

为了强化与传统描述的区别,我们进一步讨论:在类的形成过程中归纳推理是如何作为的.为了讨论的更加直观,我们继续讨论风险的定义,分析定义的形成过程.

我们是从日常生活中的一个事例开始关于风险的思考,并且基于这个事例联想到一些相似的事例.于是在我们的头脑中就逐渐形成了一个类,这个类是基于形式的,即原始分类.但是,"接续"的思考并不是像传统描述的归纳推理那样:由这个类中个别事例的性质来推断这个类的普遍性规律.事实上,"接续"的思考是:从这个类的事例中抽象特征、形成概念,基于概念确认这个类,得到实质分类.比如,上面讨论的关于风险的定义,接续的思考是从那些具体的事例中抽象出概念,得到(3.2)和(3.3)那样的描述:

◀ 只有把这个过程分析清晰,才可能用这个过程来指导实践.

不利结果、随机事件、分辨大小、依赖决策. (3.7)

显然,这四个描述表述了风险的性质,我们可以根据这些性质得到"风险"的实质分类.通过上面的定义形成的过程分析可以看到,人们并不都是"急于"从个别事例的性质出发,利用归纳推理来推断类中事物都具有这个性质;而往往是走一条"从容"之路,从一个形式的类出发,抽象出这个类中事物的共相,基于这个共相得到实质分类.我想强调的是,这个抽象思维是有逻辑的,这个逻辑应当纳入归纳推理的范畴.因此,**归纳推理包括实质分类形成的思维过程**.

对于数学而言,仅仅依据(3.7)的描述来构建定义是没有意义的,因为其中没有涉及定量刻画.所以,针对数学的归纳推理,还表现于对一些具体事例进行计算,在计算的过程中抽象出一些关于计算风险的规律性东西.而在进行计算之前首先需要判断的是,这些事例是否属于这个类;然后,依据通过计算得到的规律,给出(3.6)那样的数学定义.随着研究工作的深入,还可能需要不断地修正这个已经明确了的定义,就像问题购物(续)中做的那样,对于已经明确了的定义提出质疑.在这个意义上,**归纳推理更多地表现于一个动态的过程**,或许正因为如此,归纳推理才可能在创新的过程中发挥如此巨大的效能.

▶ 这是归纳推理与演绎推理的重大区别.

问题购物(续)还告诉我们,对于许多问题都可能会出现反例.在数学的研究中,出现反例是非常正常的,事实上,我们仔细研究就会发现:**数学定义中的所有限制条件都必然对应着一类反例**.或许可以说,反例是数学发展的基本动力之一.

▶ 这是数学教学过程中特别需要注意的地方.

第三讲 知识形成与归纳推理

处理反例的方法通常有两种：第一种方法是修改定义，使得新的定义能够包含反例；第二种方法是给出一个新的定义，使得新的定义适用于反例. 对于第一种方法，必须注意到修改了的定义必须能够解释原有的定义，使得原有的定义是新的定义的一个特例；对于第二种方法，必须注意到新的定义必须与原有的定义不悖，即可以确定一个准则，使得新构建的类与原有的类没有共同部分. 我们曾经讨论过的函数定义采用的就是第一种方法，欧拉的函数变量说定义是对莱布尼茨定义和贝努利定义的抽象和扩充，黎曼的函数对应说定义又是对欧拉定义的进一步抽象和扩充. 对于问题购物（续）这个反例，则应当采取第二种方法，即构建一个适用于"反例"那一类问题的新定义. 其中确立的准则，其他部分可以与原有的定义一致，但必须改变一个非常本质的性质，那就是：状态是否发生与决策有关. 因为状态的发生只可能有两种不相容的情况：或者依赖决策，或者不依赖决策. 因此，我们可以根据矛盾律，构建新的类与原有的类不交，这符合利用第二种方法的原则.

◀ 在数学的教学或者研究过程中，遇到反例是一件好事情，一方面能够加深对原有概念的理解，另一方面能够启发新的思考.

从上面的分析中，我们能够体会归纳推理在知识形成过程中的作为. 我想，一个好的数学教育，应当在适当的场合、利用适当的内容让学生体会这个过程，让学生感悟归纳推理的方法和效能. 可以看到，这个知识形成的过程是生动的、是丰富多彩的，这个过程能够充分展现人的想象能力和抽象能力. **如果说，演**

◀ 基于这种形式的教学，也为教学创新开辟了一个广阔的领域.

> 对归纳推理的这种刻画十分贴切！可惜的是以往忽略了这一点.

> 这是归纳推理独特的教育价值之所在.

绎推理的魅力在于逻辑的严谨，那么，**归纳推理的魅力在于想象的丰富**.事实上，丰富的想象和对各种情况的判断更利于培养一个人的智慧.因此，针对中小学的学生甚至大学生，借助归纳推理所进行的教学，是使数学的教学实现由"理解掌握"过渡到"理解创新"的有效手段，也是使相对"枯燥无味"的数学变为相对"生动有趣"的数学的有效手段[①].

这里似乎出现了一个悖论：归纳推理的基础是类，而构建类的过程也需要借助归纳推理，那么，归纳推理到底是什么呢？这个悖论或许就是休谟问题的实质，要回答这个问题需要相当多的准备，我们将在第五讲中详尽地讨论这个问题.

该书选编了阿蒂亚关于拓扑学、大范围几何、纯粹数学的历史及发展方向等方面的文章.通过该书我们可以全面地了解阿蒂亚的数学和哲学思想.

---

① 关于数学"枯燥无味"这个说法来源于英国数学家阿蒂亚（Atiyah,1929~ ）的述说，参见：本书第三辑第6.3节.

第四讲　基于一个类的归纳推理

阅读提示

从条件出发通过归纳推理得到的结论不一定是必然成立的.并且,通过归纳推理得到的结论本身也可以分为两种情况:一种情况是结论可能是必然成立的,另一种情况是结论已知是或然成立的.

第一种情况的思维过程是:观察了的类中的元素都具有某一性质,推断这个类中的所有元素都具有这个性质,比如,哥德巴赫猜想和费马大定理.对于这种情况的数学教学,应当记住欧拉和波利亚的建议:从观察出发积累最正确的经验.事实上,经验的积累重视的不是理解而是感悟,通过分数的除法、含有参数的方程以及计算公式的形成等内容,分析如何帮助学生积累最正确的经验.

第二种情况意味着,在推断之前就已经知道某一个特定的结果不一定会发生.对于这样一类问题,关键并不在于事情是否会发生,而在于事情发生可能性的大小.归纳推理就是利用过去的经验来估计这个可能性的大小,比如用频率来估计.通过废品率的推断、动物数量的推断、社会问题的推断等具体实例理解这个思维过程.

因为归纳推理是基于经验的,是从经验过的东西推断未曾经验的东西,因此,从条件出发通过归纳推理得到的结论成立不一定是必然成立的.我想,通过归纳推理得到的结论本身可以分为两种情况:一种情况是结论可能是必然成立的,另一种情况是结论已知是或然成立的.如果是第一种情况,则命题的结论是必然成立的,但命题本身的成立可能不是必然的,因此称它为"结论可能是必然";如果是第二种情况,命题的结论本身就是或然的,称它为"结论已知是或然".

> 只有通过后面的例子,才能够很好地理解这两种情况.有趣的是,数学家关心的是第一种情况,近现代哲学家关心的是第二种情况.

数学家特别是纯粹数学的数学家更关心第一种情况的归纳推理,即关心那些结论可能是必然的情况,甚至许多数学家认为只需要关心这种情况.比如,当代匈牙利籍美国数学教育家波利亚[①](G. Polya, 1887~1985)在《数学与猜想》中写道[②]:

一位名副其实的科学家应致力于从已知的经验中引出最正确的信念来,并为了建立关于某个问题的正确信念而积累最正确的经验.科学家处理经验的方法,通常称为归纳法.

波利亚说的最正确的信念显然是指结论可能是

---

① G. 波利亚,G. (Polya,George,1887~1985),生于匈牙利布达佩斯,卒于美国加利福尼亚州,涉足数学、数学教育与数学方法论.他是法国科学院、美国科学院和匈牙利科学院的院士.曾著有《怎样解题》、《数学的发现》、《数学与猜想》等,它们被译成多种文字,广为流传.

② 参见:波利亚著.数学与猜想[M].李心灿,等译.北京:科学出版社,2001:2.

第四讲 基于一个类的归纳推理

必然的那些信念.

无论如何,对于数学家甚至对于学习数学的每一个人而言,积累正确的经验都是必要的,因为正确的经验可以使人们得到直观.正如我们反复讨论过的,建立直观对于数学甚至对于许多其他学科的学习和研究都是非常重要的.并且,在上面的描述中可以看到,数学家认为**所有处理经验的方法以及从经验中产生正确信念的方法都可以称为归纳**.

波利亚显然是受到了欧拉的影响,因为在《数学与猜想》的开篇大段地引用了欧拉的有关述说,我们摘录其中的一部分[①]:

该书通过许多古代著名的猜想讨论论证方法,阐述了作者的观点:不但要学习论证推理,也要学习合情推理,以丰富人们的科学思想,提高辩证思维能力. 全书共分两卷,第一卷为数学中的归纳和类比,第二卷为合情推理模式.

> 今天人们知道的数的性质,几乎都是由观察发现的,早在严格论证其真实性之前就被发现了.甚至到现在,还有许多关于数的性质是我们熟悉而不能证明的,只是通过观察使我们知道这些性质.……这类知识是通常所说的用归纳获得的.然而,我们已经看到过单纯的归纳曾导致过错误,因此,我们不要轻易地把观察所发现的和仅以归纳为旁证的关于数的一些性质信以为真.我们应当把这样的发现当做一种机会,然后精确地研究那些发现,证明或者推翻,在这两种情况中我们都会学到一些有用的东西.

欧拉的这段话说得非常明确:通过归纳推理在经

---

① 原文也可以参见:《欧拉全集·Ⅰ》第459页,"纯粹数学中的观察实例".

验中发现性质,通过演绎推理论证那些发现了的性质. 我们曾经在第三辑详细地讨论了如何通过演绎推理论证那些发现了的性质,现在讨论如何通过归纳推理在经验中发现性质. 这一讲的第一节和第二节讨论:如何发现结论可能是必然的性质;第三节讨论:如何发现结论已知是或然的性质.

§4.1 结果可能是必然的归纳推理

回忆我们在第 2.2 节关于分类的叙述:从事物的形式出发构建类,然后探究类中事物的性质. 这个叙述表明,构建类的所说的事物的形式与要研究的类中事物性质是有所不同的. 事实上,正是因为这个差异使得我们可以在类的基础上利用归纳推理发现事物的性质. 虽然最初构建的类是基于形式的、不是本质的,但是,这个类却是我们得以深入研究的前提. 只要深入研究下去,利用归纳推理合理地调整分类准则,最终就可能得到一个确切的类,得到实质定义,从而获得知识.

▶ 这也说明形式分类的重要性,因为我们已经说过,形式是性质的必要条件.

下面,假定已经得到了一个确切的类,讨论如何在类的基础上发现结果可能是必然的性质. 这个思维过程的基本形式是:**观察了的类中的元素都具有某一性质,推断这个类中的所有元素都具有这个性质**. 这个思维过程在本质上依然是基于经验的,因此属于归

第四讲 基于一个类的归纳推理

纳推理的范畴. 可以看到, 这个思维过程是自然的, 几乎所有的人都会认为这样思考问题是"想当然"的. 但是, 如果不明晰这个思维过程的原理, 会出现休谟问题那样的逻辑混乱, 我们将在第五讲讨论这个问题. 现在, 让我们回忆在绪论中给出的归纳推理的经典推理模式:

苏格拉底是人, 苏格拉底有死.
柏拉图是人, 柏拉图有死.
亚里士多德是人, 亚里士多德有死.
……
所以, 凡人都有死.

在这个基本模式中, 所有的人构成了类, 苏格拉底、柏拉图、亚里士多德是我们观察了的类中的元素, 死是一个性质. 这个基本模式可以用符号表示, 如果用 P 表示构建类的准则、用 Q 表示性质、用 A 表示准则 P 所构建的类, 那么, 经典推理模式就可以表述为

◀ 归纳推理的符号表示与演绎推理的区别是什么呢?

$$a_1 \in A, a_1 \to Q;$$
$$a_2 \in A, a_2 \to Q;$$
$$\cdots$$
$$a_n \in A, a_n \to Q;$$
$$/a \in A, a \to Q. \qquad (4.1)$$

上述模式表明:从集合 A 中任意取了 n 个元素都具有性质 Q,于是推断这个集合 A 中的所有元素都具有性质 Q. 我们在第三辑第三讲中提到过这种思维方法,并称它为**简单枚举法**. 这种推理模式就是借助类的归纳推理. 在这里可以看到,我们为什么要一再强调:构建类的准则与研究的性质必须是有所不同的. 因为,如果构建类的准则与要研究的性质是一致的,而这个类又是确切的,那么,我们就等价地知道这个类中的元素都具有这个性质,于是进一步研究的意义将不复存在. 也就是说,如果用 C 表示所有具有性质 Q 的元素的集合,我们不能像三段论那样,简单地把问题的结论归结为:$A \subseteq C$. 造成这个差异的原因,正是因为构建集合 A 的准则是 P 而不是性质 Q.

> 这是归纳推理与演绎推理的根本区别,这个区别不仅是理论的,而且是实践的.

对于一般的归纳推理,上述推理模式中的字母下标的序号是没有实际意义的,只是为了区别不同的元素. 但是,对于一类数学问题的归纳推理,特别是与数有关的一类数学问题,这个下标序号是有实际意义的. 因为在那样的一类问题中,自然数、以至于有理数的大小本身就构成了序;对于连续的实数,也可以通过良序化构建实数的序(参见第三辑第 5.5 节). 对于这样的具有顺序的问题,我们可以有计划地实施归纳推理. 一般情况下,在序的基础上有两种方法可供我们选择:顺序验证或者随机验证. 下面,我们再次利用

第四讲 基于一个类的归纳推理

哥德巴赫[①]猜想来解释这两种方法.

哥德巴赫猜想. 仍然用 B 表示(2.1)中所示的偶数集合. 哥德巴赫猜想是说:任意大于等于 4 的偶数都可以表示为两个素数的和的形式. 可以把命题简约地写为

偶数＝素数＋素数,

俗称 1+1. 显然,集合 B 中的数是有序的. 那么,顺序验证就是按照序逐项验证,比如

$4=2+2, 6=3+3, 8=3+5, 10=3+7, 12=5+7, \cdots, 100=3+97$.

在逐项验证到一定程度之后,就可以初步判定这个命题可能是正确的. 这个判定的思维过程正是模式(4.1)的具体体现,因此是归纳推理. 我们可以看到,这种推理并不是条件与结果之间有必然关系的推理,也就是说,所述说的命题并不是必然为真,命题为真的最终确认还是要通过演绎推理的证明. 显然,逐项验证的个数越多,命题为真的可能性也越大.

随机验证就是在序的基础上随机取项验证. 在第三节,我们将详细讨论"随机抽取"是如何进行的,现在只是简单描述. 比如,我们在计算到 100 的基础上,

◀我们已经反复讨论了这个猜想,问题是简单的,结果是明了的,证明却是极为困难的. 因此它是数学诸多猜想中最富盛名的猜想.

---

① 哥德巴赫(Goldbach, Christian, 1690~1764),德国数学家,出生于格奥尼格斯别尔格(现俄国加里宁格勒,德国时期旧称"哥尼斯堡"),1725 年到俄国,1742 年提出著名的哥德巴赫猜想. 1736 年欧拉向圣彼得堡科学院递交的《哥尼斯堡的七座桥》就是哥德巴赫出生地居民提出的问题.

对 B 中的大于 100 的有序元素分段：

$$100\sim 200,200\sim 300,300\sim 400,\cdots,900\sim 1000,$$

在这些段中分别随机取一个偶数进行验证. 其中的随机数可以查二维的随机数表确认，或者采用更便捷的方法，比如，可以把圆周率 $\pi=3.1415926\cdots$ 中小数点以后的数字看做随机数. 那么，就可以利用这个原理，在

> 归纳推理往往没有必须如何的一定之规，可以充分发挥想象力.

100 到 200 之间取 $100+14=114$，

200 到 300 之间取 $200+16=216$，

300 到 400 之间取 $300+92=392$，

$\cdots$

通过这样的方法得到需要验证的元素，然后对这些元素验证哥德巴赫猜想是否成立，其中第二项用 16 是因为这是最接近 15 的偶数，当然也可以用 14.

如果依据序的大小，随机验证要比顺序验证更快一些. 对于实际的问题，通常是先采用顺序验证，如果验证后命题均成立，然后再采用随机验证. 如果所有的验证结果均表明命题是正确的，那么，就可以称这个命题为猜想. 哥德巴赫猜想已经被逐项验证到 1 亿以上的偶数，因此成立的可能性是很大的. 到现在为止，证明哥德巴赫猜想的最好结果是中国数学家陈景润[1](1933～1996)给出的，他证明了

$$偶数 = 素数 + 素数 \times 素数,$$

---

[1] 陈景润(1933～1996)，生于福建省福州市，中国科学院院士、世界著名解析数论学家.

第四讲 基于一个类的归纳推理

即一个偶数可以表示为一个素数与两个素数乘积之和,俗称 1+2. 但是,猜想依然是猜想,猜想在数学上不能作为正式命题. 即便如此,猜想往往比许多确切的命题更加重要,猜想是数学发展的不竭动力,因为猜想能够激发人们的兴趣,而兴趣是数学学习和创造的根本动力,因此,许多数学家对解决猜想乐此不疲. 特别是,猜想的证明过程,能够使人们明白许多事情,甚至会理解数学各个分支之间的统一性. 比如,著名的费马大定理.

◀陈景润用于证明的方法被称为"筛法". 人们普遍认为,要最终解决哥德巴赫猜想,就必须创造新的方法.

费马大定理. 我们在第一辑中曾经述说过费马[①](Fermat,1601~1665)对于数学的贡献,并称其为最伟大的业余数学家,因为他的本职工作是一名律师. 费马大定理与勾股数有关. 我们知道最简单的勾股数为:勾 3 股 4 弦 5,即

$$3^2 + 4^2 = 5^2.$$

或许费马希望把这个结果推广到更高维的情况,即求出正整数 a,b,c,使得

$$a^n + b^n = c^n, \tag{4.2}$$

其中 $n \geqslant 3$. 我相信,对于 $n=3$ 和 $n=4$ 情况,费马一定

费马(1601~1665)

---

① 费马(Pierre Simon de Fermat,1601~1665),法国数学家. 最初学习法律,最后以图卢兹议会的议员终其一生. 费马是一位博览群书见广多闻的学者,精通数国语言,对于数学及物理有浓厚的兴趣. 虽然他在近三十岁才开始认真专研数学,但是他对数学的贡献使他赢得业余数学王子之美称,提出了诸多著名的猜想,有先见之明的费马是数学史上的一大奇葩.

> 数学中的许多问题都需要从各个角度加以思考,只有这样,才可能有深刻的理解.

尝试过求正整数解,但没有成功. 于是,费马就反其道而行之,猜想当 $n \geqslant 3$ 时 (4.2) 式没有正整数解,这便是费马大定理. 显然,这个定理是通过归纳推理得到的,之所以称其为定理而不是猜想,是因为费马声称他已经给出了证明.

费马曾经认真地研究过古希腊数学家丢番图 (Diophantus,约公元前 250 年左右) 的著作《算术》的拉丁文译本,这个译本于 1621 年出版. 丢番图在这本书中讨论了 100 多个关于方程整数解的问题. 费马习惯把自己思考的结果以评注的形式写在这部著作页边的空白处,他一共写了 48 个评注,其中在第 8 个问题的页边处写道[①]:

不可能将一个立方数写成两个立方数之和;或者将一个 4 次幂写成两个 4 次幂之和;或者,总的来说,不可能将一个高于 2 次的幂写成两个同样次幂的和.

这便是著名的费马大定理的最初形式. 我们说过,费马是一位最伟大的业余数学家,他为自己能够得到有趣的结论并且能够给出十分美妙的证明而感到愉快,

---

① 参见:西蒙·辛格著. 费马大定理:一个困惑了世间智者 358 年的谜[M]. 薛密译. 上海:上海译文出版社,2005:54~55.
费马的长子孟—塞缪尔(Clement-Samuel)认识到他父亲的业余爱好具有重要的意义,花费 5 年时间整理他父亲的注记和信件,于 1670 年出版了《附有费马评注的丢番图的算术》,即 Diophantus' Arithmetica Containing Observatinons by P. de Fermat,其中记载了费马大定理.

第四讲 基于一个类的归纳推理

从不介意发表这些结论,也从未与人谈到过他的证明.比如,他在评注的后面又附加道:

> 我有一个对这个命题的十分美妙的证明,这里空白太小,写不下.

◁ 兴趣是数学研究最为原始的,因而是最为持久的动力.因此在数学教学中,首先应当思考的问题是如何增加学生的数学兴趣.

正是这个附加的评注苦恼了一代又一代数学家.费马说过,他的每一个评注都被证明过,因此在费马的眼中,这些评注涉及的命题都是定理.事实上,在数学家的眼中这些命题只不过都是猜想而已,这些猜想要成为定理还需要给出确切的证明.300多年过去,数学家得到了费马提出的其他47个命题的完整证明,因此,人们确信这个命题也是正确的,称它为费马最后定理.

费马的许多评注都是深刻的,证明也是困难的.比如,费马素数定理:所有的素数可以分为两类,一类可以写成 $4n+1$ 的形式,一类可以写成 $4n-1$ 的形式;前一类素数都是两个平方数之和,后一类素数都写不成两个平方数之和.伟大的数学家欧拉用了7年的时间证明了这个命题,那是在1749年,几乎是在费马去世一个世纪以后.

欧拉也研究了费马大定理,他知道给出一般性的证明并不是一件容易的事情,于是采用了个别尝试的归纳方法.欧拉很快发现采用费马发明的无穷递降法可以证明 $n=4$ 的情况.无穷递降法是一种反证法,类

> 参见第一辑中关于素数的讨论.

似欧几里得用来证明不存在最大素数的方法.后来,欧拉又给出了 $n=3$ 时费马大定理的证明,那是在 1753 年.1825 年,现代微积分教材必然要提到的两位法国数学家勒让德(Legendre,1752~1833)和狄利克雷(Dirichlet,1805~1859)证明了 $n=5$ 时费马大定理成立;1839 年,拉梅(Lame,1795~1870)证明了 $n=7$ 时费马大定理成立.为了进一步引发数学家的热情,法国科学院设立了一系列奖项,包括金质奖章和 3000 法郎的奖金,希望能够最终解决费马大定理的证明.拉梅和伟大的数学家柯西(Cauchy,1789~1857)都声明自己基本证明这个大定理,只是还差一些细节.但是,德国数学家库默尔(Kummer,1810~1893)指出他们说的细节在逻辑上是不可调和的,因为他们说的细节将导致"因子分解唯一性",可是这个结论在复数域是不成立的,因此,当 $n=37,59,67$ 时,他们对费马大定理的证明不成立.在研究费马大定理的过程中,库

> 在证明猜想的过程中,往往会引发数学自身的发展.

默尔发明了"理想数",进而创建了著名的"理想"理论,得到了数学家们的高度赞扬.事实上,库默尔指出了用当时已经成型的数学方法不可能给出费马大定理的完整证明,1856 年,法国科学院决定把奖项授予库默尔[①].从此,费马大定理的证明也陷入了一个非常渺茫和尴尬的境地.

---

① 参见:阿米尔·艾克塞尔著.费马大定理:解开一个古代数学难题的秘密[M].左平译.上海:上海科学技术出版社,2008:39~40.

第四讲 基于一个类的归纳推理

德国的实业家沃尔夫凯尔[①](Wolfskehl,1856~1908)再一次为费马大定理的证明注入了活力,这与一个生动的故事有关.因为恋情的失败,年轻的沃尔夫凯尔决定自杀,自杀时间定在午夜 12 时整.夜幕降临后,为了稳定自己的情绪,沃尔夫凯尔又拿出他曾经阅读过的库默尔的那篇指出柯西和拉梅证明错误的经典文章,分析这篇文章本身是否存在逻辑上的漏洞.那一夜他确实发现了并且严格证明了一个漏洞的存在,但完成证明的同时也迎来了黎明,他错过了自杀的时间.这一夜数学证明的成功又激发了沃尔夫凯尔生活的勇气,于是他的事业顺利,业绩斐然.为了感谢费马大定理唤醒了他生活的勇气,在 1908 年沃尔夫凯尔去世前,他决定重新建立遗嘱,委托哥廷根皇家科学协会管理他设立的 10 万马克的奖金,用于奖励费马大定理的证明,时间限制到 100 年后的 2007 年 9 月 13 日.当时的 10 万马克近乎现在的 200 万美元,这是真正的世纪大奖.

◀这是一个非常生动的数学故事,说明数学严谨的逻辑推理可以使人忘记生活中的一切烦恼.

到了 20 世纪 80 年代,美国伊利诺伊大学的瓦格斯塔夫(Wagstaf)利用计算机验证 $n \leqslant 2500$ 时费马大定理都是正确的.但是,更让数学家们感到高兴的是,费马大定理的最终解决将充分体现数学的整体性,因为在 1984 年,由德国数学家弗赖(Frey)提出、由美国数学家里贝特(Ribet)验证,如果费马大定理不成立,即(4.2)有解,那么可以将方程转换为一类非常特殊

---

① 沃尔夫凯尔(Wolfskehl,1856~1908),德国的实业家,曾学习医学.

的椭圆方程

$$y^2 = x^3 + dx^2 + f, \qquad (4.3)$$

其中系数 d 和 f 都与假设存在的解有关. 这样, 问题又与日本数学家谷山(Taniyama, 1927~1958)和志村(Shimura, 1930~)于 1955 年提出的一个猜想有关. 这个猜想是说, 每一个椭圆方程必定与一个模形式相关, 而模形式又与复数空间几何图形的对称性有关. 于是, 费马大定理的完整证明就可以遵循这样的一个逻辑线路完成: 如果谷山·志村猜想正确, 每一个椭圆方程都可以模形式化; 如果每一个椭圆方程都可以模形式化, 方程(4.3)不成立; 如果方程(4.3)不成立, 方程(4.2)无解, 即费马大定理成立.

> 一个代数问题就是这样合理地与几何联系在一起, 因此, 人们称费马定理为能下金蛋的鸡.

1993 年, 美籍英国数学家怀尔斯(Wiles, 1953~)证明了谷山·志村猜想. 1995 年, 他整理了长达 130 页的两篇论文, 发表在《数学年刊》第 5 期上[①]. 这样, 费马大定理的证明宣告完成. 这个证明过程历经几代数学家, 历时 358 年. 从这个过程我们可以看到, 一个好的猜想是如何引发人们深入地思考数学的. 事实上, 所有的猜想都是归纳推理的结果, 凭借的是人们对于数学本质的理解, 凭借的是人们基于经验的直

---

① 现在有许多学者在寻找费马大定理的初等证明方法, 我认为是有道理的. 从现在的结果看, 费马当时得到结论大概凭借的是简单的证明, 以及借助简单证明的极强的直观. 我想, 费马的直观有两种可能, 一种可能是这个直观只需要初等数学就可以给予证明, 一种可能就是现在给出的必须利用几何方法的证明.

第四讲 基于一个类的归纳推理

观,凭借的是人们的想象和抽象.

虽然哥德尔论证了数学公理体系的相容性是不可证明的[①],但是,费马大定理的证明过程再次向人们展示了数学的整体相容性.近一百多年来,数学各个分支的研究是相对独立进行的,各个分支又产生了错综复杂的研究方向,创造了名目繁多的研究手法,可是,最终的研究结果之间却是和谐一致的,是可以相互借鉴的.事实上,有一只无形的手在控制着这一切,这便是逻辑和法则.数学家们用相同的逻辑思维和运算法则控制着自己的思维过程. ◀这便是数学的本质所在,数学家们演绎的数学体系是相容的,虽然这个结论是不可证明的.

我们曾经说过,在 19 世纪初的世界数学家大会上,伟大的数学家希尔伯特提出了 23 个问题,这些问题的解决极大地促进了数学的发展.事实上,这些问题的提出都是基于经验的,因此这些问题都是基于归纳推理得到的.由此可见,归纳推理在数学研究中的重要作用,进而可见归纳推理在创新中的作用.**归纳在本质上是一种思想方法,这种方法表现在思维的过程之中,对于这种方法的把握不是靠人们的理解而是靠人们的感悟,是一种"意会"重于"言传"的东西**.可以想象,这种东西很难在中国传统的过分注重传授知识和技能的教学中得到实施.但是,为了培养创新性人才,我们必须培养学生的这种能力,必须培养这种基于经验的、通过想象和抽象推断结果的能力.下面, ◀这是本节的核心观点之一.

◀这样的数学不可能是立杆见影的,但这样的数学是本质的,具有长效功能.

---

① 参见:本书第二辑第 7.3 节.

我尝试性地分析一些具体的事例,希望说明在教学过程中如何启发学生思考,如何让学生感悟这种方法,从而帮助学生积累发现问题和提出问题的经验.我想声明的是,我缺少足够的针对中小学学生的教学经验,因此我的述说很可能是不实际的.但是,我希望我的述说能够启发中小学教师的思考,我相信只要明确了目标,广大的中小学教师一定能够在实践过程中创造出有效的教学方法.凡事都需要个开头,我希望下面的分析能够起到抛砖引玉的作用.

§4.2 如何让学生感悟归纳推理的过程

我们应当记住欧拉和波利亚的建议,那就是:从观察出发积累最正确的经验.首先,我想再一次强调的是,最正确经验的积累不是基于理解而是基于感悟,因此,这种形式的教学虽然也关注知识的记忆和应用,但更关注的是层次清晰的思维过程的经历和感悟.

▶ 类似的问题还有许多,比如零为什么不能做除数,为什么要先乘除后加减,等等.

分数的除法.在有理数的四则运算中,关于分数除法的运算法则是:除以一个分数等于乘以这个分数的倒数.因为这是一个法则,因此,许多教师的教学过程是这样的:首先告诉学生这是一个规定,然后举例解释这个规定,最后让学生通过各种练习记住这个规

第四讲 基于一个类的归纳推理

定,并且从练习的过程中掌握计算的技巧.在这样的教学中,关注的是学生计算的正确性和熟练程度.显然,这种教学方法是简捷的,这些要求也都是必要的,但是,这种教学能够让学生感悟思考并且学会解决问题的方法吗? 能够培养学生的创新意识和创新能力吗? 我们还是从一个具体问题入手讨论这个问题,许多教科书中都有类似的例题:

有鹅 4 只,鹅是鸭子的 $\frac{1}{3}$,问有几只鸭子? (4.4)

这个问题的答案是: $4 \div \frac{1}{3} = 4 \times 3 = 12$,教学目的是让学生知道分数除法的运算法则.那么,在教学中仅仅让学生记住这个法则是否就可以了呢? 一个能够体现思想方法的教学应当是怎样的呢?

我想,一个自然的教学过程,首先要回答的问题是:这样的运算是否正确? 也就是说,要验证等式 $4 \div \frac{1}{3} = 4 \times 3$ 是否正确? 可惜的是,要验证这个等式是相当困难的.按道理说,我们应当采取直接验证的方法:因为 $\frac{1}{3} = 0.333\cdots$,所以 $4 \div \frac{1}{3}$ 的解为数列

$$12.1, 12.01, 12.001, \cdots$$

的极限,即 $4 \div \frac{1}{3} = 12$. 但是,这个验证方法把简单问题复杂化,无法让学生理解.因此,对于这个问题,直

◁ 还能够想出其他的直接验证的方法吗? 如果不能直接验证,应当如何处理这个问题呢?

接验证的教学方法是不可行的.

下面,我们讨论几种借助归纳推理的验证方法. 虽然方法有几种,但其核心思想是一致的,那就是**根据具体问题的实际背景一步一步地验证,最后给出一般的运算法则**.

▶ 这是归纳推理的基本模式.

方法一. 教师首先启发学生认定,计算这个问题应当用除法. 为了更好地说明,可以借助以前已经教过的内容,先思考一个类似的问题:

有鹅 4 只,是鸭子的 2 倍,问有几只鸭子?

显然,这个问题的答案是: $4 \div 2 = 2$,因此,针对这样一类问题应当用除法. 根据同样的道理,教师可以启发学生自己得到解决问题(4.4)的方法,这个方法就是计算:

$$4 \div \frac{1}{3} = ? \qquad (4.5)$$

其中,"根据同样的道理"的思维方法被称为类比,这是归纳推理中常用的一种方法,我们将在第六讲详细讨论这种方法.

接下来的问题就是:如何计算除数是分数的除法. 教师可以采用归纳推理的方法,首先帮助学生理

第四讲 基于一个类的归纳推理

解"鹅是鸭子的 $\frac{1}{3}$"的具体含义,这就是所谓的破题. 许多教师在教学过程中往往不破题,而是开口就讲解题的道理,甚至直接列公式进入计算. 我想,一个有的放矢的教学应当从破题开始,因为只有这样才能让学生体会思考问题的起始点在哪里,应当如何"下手"思考问题,从而形成清晰的思路. 在许多情况下,只要破题准确则问题就可能迎刃而解.

◀许多教学,往往是从中间开始的,这样的教学虽然简捷,但不利于引发学生思考.

在现在的问题中,分数述说的是"比例"关系,因此,一个合理的"破题"应当是:鹅与鸭子的数量比是 1 比 3. 然后,教师可以启发学生通过具体的数值来推演这个比例关系:

有 1 只鹅则有 3 只鸭子,

有 2 只鹅则有 6 只鸭子,

……

于是,绝大多数的学生都可以自己得到答案:

有 4 只鹅则有 12 只鸭子.

结合 (4.5) 就可以得到计算的结果:

$$4 \div \frac{1}{3} = 12.$$

我们称这样的基于数值一步一步推演的解答问题的方法为类推,这是基于经验的归纳推理的方法. 我想,这很可能是启发学生如何思考的有效方法. 进一步,因为 $4 \times 3 = 12$,所以我们可以得到计算这道题的法则:

$$4 \div \frac{1}{3} = 4 \times 3 = 12.$$

推而广之,可以得到一般的法则:除以一个分数等于乘以这个分数的倒数.

方法二. 利用乘法进行计算,并且说明除法是乘法的逆运算. 首先,类似方法一得到(4.5)式,然后用乘法解释运算的结果. 因为破题是:鹅与鸭子的数量比是 1 比 3,也就是说,有 3 只鸭子则有 1 只鹅,于是进行这样的数值计算:

$$3 \times \frac{1}{3} = 1,$$

$$6 \times \frac{1}{3} = 2,$$

……

这样,可以引导学生自己得到:

$$12 \times \frac{1}{3} = 4,$$

其中 12 就是问题的答案. 再比较(4.5)式就可以知道除法是乘法的逆运算,即 $4 \div \frac{1}{3} = ?$ 的原本含义是算式

$$? \times \frac{1}{3} = 4. \tag{4.6}$$

也就是说,(4.5)和(4.6)这两个式子是等价的. 因为"等式的两边同时乘以一个不为 0 的数等式不变",则在(4.6)的两边同乘以 3 得到

在书中,作者通过对各种类型生动而有趣的典型问题(有些是非数学的)进行细致剖析,提出它们的本质特征,从而总结出各种数学模型. 该书主要讲解思考方法和思维路线.

$$? \times \frac{1}{3} \times 3 = 4 \times 3.$$

于是可以得到

$$? = 4 \times 3. \qquad (4.7)$$

因为"等量的等量相等",结合(4.5)式和(4.7)式我们得到

$$4 \div \frac{1}{3} = 4 \times 3.$$

利用同样的方法,我们可以一般地得到:对于任意正整数 n 和 m 有

$$n \div \frac{1}{m} = n \times m.$$

这样,就得到了除以分数的运算法则. 对于理解力比较强的学生,可以把方法一和方法二结合使用. 无论如何,教师应当非常清楚,除法是乘法的逆运算,知道如何通过(4.6)式得到(4.7)式.

方法三. 考虑部分与整体的关系. 从第2.3节的讨论知道,分数除了能够表示比例关系之外,还能够表示部分与整体的关系. 如果要利用部分与整体的关系说明分数的除法法则,例题(4.4)就不合适了. 可以考虑下面的问题:

◀ 从分数的两个含义,即比例关系和部分整体关系出发考虑分数的运算法则.

有 4 个月饼,每个月饼都相同地分为若干小块.

已知月饼数是小块的 $\frac{1}{3}$，问有多少个小块．

这个问题的教学目的仍然是：$4 \div \frac{1}{3} = 4 \times 3 = 12$．因为这个问题与例题(4.4)的含义不同，因此，教学方法也应当有所不同．如果要利用归纳推理的方法进行教学，首先还是破题．现在，可以把"月饼数是小块的 $\frac{1}{3}$"理解为 1 个月饼被分为 3 个小块，即 1 个月饼有 3 个 $\frac{1}{3}$，对应的算式为

▶ 一定要认识到，这里的 $\frac{1}{3}$ 是分数的单位．

$$1 \div \frac{1}{3} = 3.$$

现在有 4 个月饼，所以

$$4 \div \frac{1}{3} = (4 \times 1) \div \frac{1}{3}$$
$$= 4 \times \left(1 \div \frac{1}{3}\right)$$
$$= 4 \times 3 = 12.$$

▶ 可以看到，这样的教学比让学生直接记忆困难得多，但是为了启发学生的思考，应当实施这样的教学．

当然，在教学过程中，可以直接用后两个算式，即可以向学生提出问题：1 个月饼有 3 个小块（1 个月饼有 3 个 $\frac{1}{3}$），那么，4 个月饼有几个小块呢？

我们尝试性地叙述了关于分数除法法则教学的三种方法．显然，在教学过程中，教师应当根据学生的具体情况选择教学方法，特别是设计具体的启发学生

第四讲 基于一个类的归纳推理

思考的方法,甚至融合这三种方法.但是,对于归纳推理的教学而言,有一个根本的思路应当是不变的,那就是:**从具体的数字出发进行计算,在计算的过程中让学生感悟运算方法的道理**;有一个根本的目的应当是不变的,那就是:**掌握从具体问题入手进行计算的方法,积累最正确的思考问题的经验**.

◀ 教学是艺术而不仅仅是科学.教学方法的设计依赖于教学目的和教学对象.

◀ 这是中小学开展归纳推理教学的可行之路.

为了更好地把握运算方法,教师应当知道四则运算的公理体系.我们在第三辑的第 6.3 节介绍了自然数公理体系,借助 9 条公理定义了自然数以及自然数的加法,**加法是数学一切运算的基础**.在加法的基础上产生了下面的运算:

减法是加法的逆运算:

$? + n = m \rightarrow ? = m - n;$

乘法是加法的简便运算:

$? = n + n + n \rightarrow ? = 3 \times n;$

除法是乘法的逆运算:

$? \times a = b \rightarrow ? = b \div a.$

其中 ? 表示计算的结果.此外,极限运算是关于数列的运算.我想,到现在为止,人们在本质上只发明了这五种运算[①].为了运算的封闭性[②]:减法使数域由自然数扩充到整数;除法使数域由整数扩充到有理数;极

---

① 虽然对数是乘法的简便运算,指数是对数的逆运算,但这样的运算不是本质的,不能带来数域的扩张.此外,复数在本质上不是数,因为复数不能比较大小,与本书第一辑中所说的数的定义不符.有人也认为模形式也是一种运算,但那是基于图形的而不是基于数的.

② 运算是在某个数域上进行的,即在某些数的集合上进行的.所谓封闭性是指,经过运算得到的结果仍然属于这个数域.

限使数域由有理数扩充到实数.因此,在讨论运算法则的时候,应当自然而然地考虑运算所对应的数域.

参数方程.我们考虑鸡兔同笼的问题,这是一个古老的数学问题.这个问题可以用四则运算来求解,也可以用一元一次方程,甚至可以用二元一次方程来求解.为了便于讨论,我们把问题变得更简捷一些,用椅子和凳子代替鸡和兔:称有四条腿的为椅子,称有三条腿的为凳子.这样,椅子和凳子之间只差一条腿,问题可以转化为:

> 在教学过程中,有些问题的道理不应当是教师讲出来,而是让学生悟出来,这就要求把问题尽可能的简化.

房间里有椅子和凳子 16 把,这些椅子和凳子共有腿 60 条,问椅子和凳子各有多少把.

对于这样的一类问题,所谓归纳推理的方法,就是先通过具体的数进行尝试计算,在这个过程中发现规律,给出一般的结果.为此,可以先假设 16 把都是椅子,没有凳子,那么,共有

$$16 \times 4 = 64 \tag{4.8}$$

条腿,这显然比问题中说的 60 条腿多.依据顺序归纳推理,需要逐个减少椅子,增加凳子,即变为 15 把椅子,1 把凳子,那么,共有

第四讲 基于一个类的归纳推理

$15×4+1×3=63$ (4.9)

条腿,仍然比问题中描述得多,还需要减少椅子,增加凳子.如此类推,学生可以自己发现

$12×4+4×3=60$,

这样,所求问题的答案就是12把椅子,4把凳子.

  上面的运算是具体的,是基于经验的.但是,正是这样的具体运算可以启发我们思考运算的道理,进而归纳出计算规律.由(4.8)的计算可以知道,如果16把都是椅子,将多出 $64-60=4$(条)腿,为了减少这4条腿,应当相应地把椅子转为凳子;再由(4.9)的计算知道,多出1条腿等于多出1把凳子.因此,应当把4把椅子转为凳子,这样就可以得到椅子的个数,即 $16-4=12$(把).

◀ 直观是在分析具体的问题中逐渐建立起来的.

  这样的分析是否具有一般性呢?我们进一步考虑鸡兔同笼的问题.问题是:

  笼子里有鸡和兔16只,这些鸡和兔共有腿60条,问鸡和兔各有多少只.

◀ 从简单出发,逐渐使问题复杂化,从中体会一般规律.

  根据上面的分析,如果16只都是兔的话,将多出4条腿,为了减少这4条腿,应当相应地把兔转化为鸡;因为鸡和兔的腿差为2条,多出4条腿相当于有 $4÷2=2$(只)鸡,因此这个问题的答案是有兔 $16-2=14$(只),有鸡2只.最后验证分析的结果

$$14 \times 4 + 2 \times 2 = 60.$$

这个结果是符合题意的,说明我们的分析是正确的. 这样,就得到了算式

鸡的只数 $= (16 \times 4 - 60) \div 2 = 2$;

兔的只数 $= 16 - 2 = 14$. (4.10)

由此可见,我们的分析是具有一般性的,即算式(4.10)是有一般意义的. 可是,如何进行更一般的抽象,用符号和公式来表达这个算式呢?我们考虑含有参数的更为一般的问题:

> 最终形成一般的公式,是培养抽象能力最好的路径.

有 a 条腿的物品 A 和 b 条腿的物品 B 共 N 个,这些物品有 M 条腿,问物品 A 和 B 各有多少个?

不失一般性,我们假设 $a - b > 0$,即物品 A 的腿数多于物品 B 的腿数,那么,根据(4.10)的分析我们可以得到四则运算公式

B 的个数 $= \dfrac{N \times a - M}{a - b}$;

A 的个数 $= N - B$ 的个数. (4.11)

可以看到,在上面的公式中,系数 a 和 b 以及 N 和 M 是可以变化的,人们通常称这样的可以变化的数为待定系数,或者**未知参数**. 这样,我们就得到了一类

第四讲 基于一个类的归纳推理

问题,并且,只要设定其中的参数,就可以得到一个具体问题.显然,参数的设定是有所约束的,这个约束是由问题的背景决定的.比如,对于算式(4.11)我们就必须注意到:未知参数必须是正整数,并且能够使得物品 A 和物品 B 的个数均为正整数.人们通常称对参数的这种约束为边界条件.对于一名教师来说,能够把一个具体问题最终抽象为一个用符号表达的一类问题是有意义的,因为**只有通过这种抽象才能真正把握这一类问题的本质**,才能真正实现举一反三.事实上,只有含未知参数的算式才具有一般性,才可以称为公式.

◀ 这对教师提出了很高的要求,但只要渡过了这个难关,就可能由必然王国走向自由王国.

当然,我们还可以用列方程的方法来解这个问题.假设物体 B 有 y 个,那么,物体 A 有 $N-y$ 个.回顾对于(4.11)的分析,我们可以得到一元一次方程

$$a(N-y)+by=M.$$

进一步,我们还可以考虑设两个未知参数:物体 A 有 x 个,物体 B 有 y 个.那么,我们就可以得到一个二元一次方程组

$$x+y=N$$
$$ax+by=M.$$

虽然四则运算、一元一次方程、二元一次方程组在形式上有所不同,但在解方程的过程中我们可以发现,解二元一次方程组必然要化解为一元一次方程,解一元一次方程必然要化解为四则运算,人们通常称这种还原求解的方法为**划归**.因此方程组、方程以及

四则运算之间是相互沟通的. 就思维过程而言, 列方程组是最简单的, 但计算是最繁杂的; 建立四则运算的算式是最困难的, 但计算是最简捷的. 由此我们也可以感悟到: 人们不断地创造新的运算工具是为了思维的简单; 与此同时, 也引发了计算的繁杂. 即便如此, 人们仍然热衷于创造新的运算工具, 就是因为可以利用划归的思想把繁杂的计算过程程式化. 事实上, 计算机的发展就遵循了这样的思路. 依据这样的思路造成的结果必然是: 一部分专家的深入思考代替了大多数人的思考. 这样的结果可能会使人们的生活更加舒适和便捷, 但对教育教学而言, 却不能遵循这样的思路. 让学生学会使用计算机是必要的, 但我们的教学活动不能过分地依赖计算机, 我们必须注重对学生思考能力和计算能力的培养.

> 程式化的计算是具有一般性的, 可以尝试性地让学生在计算机上实现这种程式化, 参见第三辑.

我们通过一个例子阐述了借助归纳推理构建含参数方程的思维过程, 这个思维过程就是: **从具体问题出发, 尝试数字计算, 摸索规律法则, 得到一般公式**. 我想, 这可能就是在数学教学过程中展现归纳推理的有效方法. 从具体的现实问题出发, 从具体的数字计算出发, 看起来是一种非常笨拙的方法, 事实上, 这却是帮助学生积累数学活动经验, 从而帮助学生建立数学直观最为有效的方法. 在下一讲, 我们将讨论这种思维过程的合理性.

> 让学生亲自经历归纳推理的过程, 获得归纳思维的活动经验, 可以切实提高学生的归纳思维水平.

计算公式的形成. 作为一个实例, 我们讨论如何

第四讲 基于一个类的归纳推理

通过归纳推理得到自然数平方以及自然数立方的前 n 项和公式. 我们在第三辑第 3.2 节,曾经讨论如何通过演绎推理的方法来得到这些公式,通过下面的分析将会看到,归纳推理的方法与演绎推理的方法是完全不同的.

用 $A(n)$、$B(n)$、$C(n)$ 分别表示自然数、自然数平方、自然数立方的前 n 项和的公式. 假如已经知道自然数前 n 项的公式

$$A(n) = \frac{1}{2}n(n+1).$$

我们把这个公式作为研究问题的出发点,由此推出其他两个公式. 与上面讨论过的两个例子的思维过程类似,我们首先对于较小的 n 进行一些数值计算,从中摸索出规律性的东西,希望规律性的东西能够启发我们构建公式.

n	1	2	3	4	5	6;
$A(n)$	1	3	6	10	15	21;
$B(n)$	1	5	14	30	55	91;
$C(n)$	1	9	36	100	225	441.

由上面的数值计算容易看到:对于每一个 n,$C(n)$ 恰好为 $A(n)$ 的平方,于是我们可以推测

$$C(n) = [A(n)]^2 = \frac{1}{4}n^2(n+1)^2.$$

上面的公式也说明了 $C(n)$ 与 $A(n)$ 之间的比值

为 $A(n)$. 受这个比值的启发,为了得到 $B(n)$ 的公式,我们先通过数值计算 $B(n)$ 与 $A(n)$ 的比值

n	1	2	3	4	5	6
$\dfrac{B(n)}{A(n)}$	1	$\dfrac{5}{3}$	$\dfrac{7}{3}$	$\dfrac{9}{3}$	$\dfrac{11}{3}$	$\dfrac{13}{3}$.

由数值计算结果,可以推测 $\dfrac{B(n)}{A(n)} = \dfrac{1}{3}(2n+1)$,于是就可以得到公式

$$B(n) = \frac{1}{6}n(n+1)(2n+1).$$

这样,我们就通过归纳的方法得到了自然数平方以及自然数立方的前 n 项和的计算公式. 当然,这种通过经验归纳出来的公式还只是一种推测,公式的最终确立还是需要演绎证明,比如利用数学归纳法进行证明. 即便如此,经验告诉我们,通过归纳"看出"结论往往比通过演绎"证明"结论还要困难,并且更为重要.

通过上面的三个例子可以看到,虽然通过归纳推理得到的结论不一定是必然的,但对于获取新的数学知识而言,这是一种非常有效的方法,甚至可以认为,**得到这种具有或然性的结论是数学创新的根本**. 因此,我们的数学教育中应当重视这种推理模式的教学,同时应当看到,对于这种推理模式的把握是基于个体经验的,需要通过学生的实际操作和内心感悟. 我想,这可能是培养学生积累数学活动经验、逐渐建立数学直观的必由之路.

> 事实上,只有通过这样教学,学生才能真正地理解所学习的知识.

第四讲 基于一个类的归纳推理

§4.3 结果已知是或然的归纳推理

数学家关心的是那些结果可能是必然的推理,但在现实生活中,人们使用更多的却是那些结果已知是或然的推理.现实生活的大部分事物,结果发生与否并不具有必然性,而是以某种可能性发生.比如,与日常生活关系密切的:孩子上学的表现,老人的健康状况,日用品的价格,房屋的价格;与农业生产关系密切的:春天播种时的墒情,水果成熟时的台风,霜期来的早晚,谷物成熟时的收购价格;与工业生产关系密切的:原材料价格,新产品的被认可度,新工艺对产品的质量影响,产品的销售量;与国防科技关系密切的:发射火箭成功,卫星制导准确,卫星回收状况,导弹拦截无误;与医疗卫生关系密切的:流行病传播,疾病确诊,药物检验,遗传规律;与经济金融关系密切的:GDP 变化,原材料供应,股票价格,进出口贸易;等等.显然,上述事情的某种结果发生与否以及发生的程度是或然的而不是必然的.我们称这样的问题为**结果已知是或然的**,这意味着,在推断之前我们就已经知道某一个特定的结果不一定必然发生.

显然,这种思维方式背离了传统数学,因为在传统数学那里我们已经习惯的思维方式是:命题的结果不是对就是错.事实上,排中律也明晰地告诉我们:一

◀ 在日常生活中,经常需要我们对很多事情进行决策,而这样的事实往往都是不确定的.

> 用数学方法解决实际问题,都必须给出一些假设前提,这样就把复杂问题简单化了.在绝大多数情况下,这种简单化得到的结果都是不精确的.

个命题要么成立要么不成立,二者必居其一.但是,如前所述,在现实生活中,结果已知是或然的推理是非常实用的,虽然我们不知道某一个特定的结果是否必然发生,但事先知道发生可能性的大小对于决策是有帮助的.正如罗素所说[①]:

科学要研究的只是发生的事实,而不是必须发生的事实.

比如,虽然知道交通事故会损坏汽车,人们依然要买汽车,因为人们都相信自己发生交通事故的可能性很小;反之,如果某一个地方正在发生骚乱或者战争,人们就不会去那个地方旅游,因为人们相信自己被伤害的可能性很大.因此,对于这样一类问题,关键并不在事情是否会发生,而在于事情发生可能性的大小.在这一节,我们将讨论如何利用归纳推理在一个类中探寻结果已知是或然的性质.

仍然用 P 表示构建类的准则,用 S 表示一个类,用 Q 表示类中事物的性质.对于一个元素 $a \in S$,用 $a \rightarrow Q$ 表示元素 a 具有性质 Q,用 $a \sim Q$ 表示元素 a 不具有性质 Q.那么,利用归纳方法推断类 S 中的元素或然具有性质 Q 的推理过程可以形式化地表述为

$$a_1 \in A, 验证 a_1 \rightarrow Q 或者 a_1 \sim Q;$$

---

① 参见:洪谦著.论逻辑经验主义[M].北京:商务印书馆,2005:4.

第四讲 基于一个类的归纳推理

$a_2 \in A$,验证 $a_2 \to Q$ 或者 $a_2 \sim Q$;

…

$a_n \in A$,验证 $a_n \to Q$ 或者 $a_n \sim Q$;

有 k 个元素满足性质 Q;

$/a \in A$,有 k/n 的可能 $a \to Q$.   (4.12)

当 $k=n$ 或者 $k=0$ 时,模式(4.12)表述了结果可能是必然的推理形式,在这个意义上,模式(4.1)是现在所表述的模式的一个特例;当 $0<k<n$ 时,模式(4.12)表述了结果已知是或然的推理形式,人们称这种方法为**统计归纳法**,并且称其中的比值 $\dfrac{k}{n}$ 为**频率**.

◀ 对这两个模式进行比较,可以分析出问题的差别之所在.

为了更好地把握(4.12)所述说的思维模式,我们分析几个具体的例子,从中体会归纳推理的过程以及归纳推理的合理性.

废品率的推断. 在第 3.2 节,我们曾经谈到了产品的废品率. 人们很清楚这个话语表述的内容:如果这个箱子中有 m 个产品,用 p 表示废品率,那么,这个箱子中就可能有 mp 个废品. 人们在日常生活中经常可以遇见类似的问题,任何一个生产部门都应当知道自己生产产品的质量. 甚至,每一位顾客也都希望知道要购买产品的质量. 可是,其中的废品率 p 是如何得到的呢?

有一点是不辨自明的,那就是我们不可能对箱子中所有产品都进行检验. 在通常的情况下,人们是通过(4.12)的模式来推断废品率的,比如,考虑灯泡的废品率.一般来说,所谓合格的灯泡并不是指那些能够点亮的灯泡,而是指灯泡的寿命要达到或超过一个规定时间.显然,为了认定一批灯泡的寿命,我们不可能把这批灯泡都试验到不亮为止.人们通常采用的验证方法是:对流水线上的产品进行随机抽样,然后对这些样品进行破坏性试验,通过试验的结果估计这种产品的寿命.比如,我们抽取了 n 个样品,通过试验有 k 个样本的寿命没有达到规定时间,那么,我们可以认为这批产品的废品率就是 $\frac{k}{n}$,这正是模式(4.12)所表述的思维过程.这种推断的方法就是用**频率估计废品率**,即认为废品率 $p=\frac{k}{n}$.这样,如果一个箱子里有 m 个灯泡,就可以求出废品的平均个数,即认为这个箱子中的废品个数是:总数×废品率$=mp=\frac{mk}{n}$.

    这种方法思路简捷,容易操作,但存在一些需要深入思考的问题.比如,如果废品率很低,那么,为了得到废品率就必须破坏性地试验很多产品,这样势必会造成浪费.那么,是不是可以改变(4.12)的模式,从而得到更经济并且有效的方法呢?解决这样问题的根本思路是:充分利用样品提供的信息.既然我们对每一个样品都进行了破坏性试验,那么,是不是可以利用每个样品的寿命来推断产品的寿命,从而推断废品率呢?再比如,如果产品是那些诸如火箭发动机那样高昂的东西,人们自然希望进行不破坏的试验就能

▶ 对于许多问题,都需要进行深入思考,这便是数学可以得到发展的原因.

第四讲 基于一个类的归纳推理

够推断产品的寿命,那么应当如何推断呢?这些正是统计学要研究的问题,有兴趣的读者可以查看这方面的专门著作①.

动物数量的推断.我们考虑如何估计鱼塘中鱼的数量.同样的道理,我们不可能把这个鱼塘中的所有鱼都打捞出来清点,那么,怎么才能推断鱼塘中鱼的数量呢?也可以用(4.12)提示的方法,我们先用具体的数据说明,然后再分析一般的方法.

先在鱼塘中打一网鱼,清点鱼的数量,比如,有100条鱼,把这些鱼都做上记号然后放回鱼塘.过一段时间后再打一网鱼进行清点,比如有80条鱼.假如80条鱼中有2条是有记号的,也就是说,有2条是第一次被打捞过的,那么,这个鱼塘中有多少条鱼呢?我们可以这样思考问题,因为 $\frac{2}{80} = \frac{1}{40}$,这意味着鱼溏中大概平均每40条鱼就有一条是有记号的.现在,鱼溏中有记号的鱼是100条,那么,鱼溏中大约有鱼 $40 \times 100 = 4000$ 条.虽然这个推断不一定非常准确,但通过这样分析得到的结论还是有一定道理的. ◀ 这种推理方法是有趣的,也是自然的.现实生活中的许多数学问题,往往就是如此.

一般地,我们假设这个鱼溏里有 N 条鱼,其中有记号的 n 条;打捞 M 条,其中有记号的 m 条.按照(4.12)的思想方法,大范围有记号的比例应当基本等于小范围有记号的比例,因此有

---

① 比如,参见:邦诗松,王玲玲著.可靠性统计[M].上海:华东师范大学出版社,1984.

$$\frac{n}{N} = \frac{m}{M}.$$

其中 n, M 和 m 这三个数是已知的，于是鱼溏中鱼的数量大约为 $N = \frac{nM}{m}$[①]. 把上面具体的数据代入这个公式，可以得到 $100 \times \frac{80}{2} = 4000$，这与我们计算的结果是一致的.

上面的方法已经被用来解决许多实际问题，比如，野生动物的考察、生态资源的合理开发等等. 通过这些事例可以看到，对于日常生活或者生产实践中的许多需要推断的问题，我们可以有计划灵活地利用 (4.12) 所提供的思路.

▶ 对于日常生活中的许多问题，我们只能采用这种通过部分推断全体的思维方法. 问题的关键是如何去得到部分.

社会问题的推断. 分析上面的两个例子可以知道，归纳推理的核心思想就是：通过类中部分事物的属性推断类中所有事物的属性. 通常称类中的部分事物为**样本**，而获取样本的过程为**抽样**. 因此，得到合适的样本，或者说，采用合理的抽样方法是非常重要的，抽样方法的好坏将很大程度地影响推断的准确性. 我们来分析一个著名的例子.

美国 1936 年的总统选举有两位候选人：民主党的罗斯福和共和党的兰登. 当时，大多数政治观察家和新闻机构都预测罗斯福会获胜，但《文学文摘》杂志

[①] 在概率论与数理统计的教科书中，这个结果是由超几何分布推导出来的，参见：W. feller, *An Introductiong to Probability Theory and its Applications*, John Wiley; New York, 1957;43.

第四讲 基于一个类的归纳推理

的判断与众不同,预言兰登会以 57∶43 的优势战胜罗斯福,这个判断产生了很大的反响.而实际情况是:罗斯福以 62∶38 的压倒优势当选.由于这个重大失误,这家杂志不久即宣告破产.

事实上,《文学文摘》作出这个预测并非主观臆断,而是基于 240 万份调查报告的统计结果.为什么会出现如此大的偏差呢?问题就在于这 240 万份样本.因为《文学文摘》采取的抽样方法是:从电话号码簿和俱乐部会员名册上选取访问对象.在 1936 年的美国,家庭电话尚未普及,尤其是有条件参加俱乐部的人,大多是经济上富有、政治上保守、倾向于共和党的选民,在这个样本下的频率必然会造成显著误差.总结这次民意调查的教训,美国社会学家盖洛普(Gallop,1901~1984)提出了一个有效的调查方法,不仅关于总统大选结果预测几乎无误,而且调查的人数也只需要几千人.

◂在调查或者实验之前,进行合理的设计是必要的,人们称这样的问题为实验设计.

◂样本的代表性直接影响调查的结果.

在进行社会调查的时候,对于答案难于启口的问题是很难调查的,例如,在学校里调查学生考试是否作弊的问题.如果一个调查者要直接问询这个问题,大概百分之百的学生都会回答"否".对于这样的调查问题,必须变通(4.12)的模式.一个简单可行的方法是同时询问两个问题,其中一个问题与所要调查的问题是不相干的,比如

◂在调查过程中,经常需要非常巧妙地设计调查问卷.

问题 1:考试是否作弊;

问题 2:手机尾号是否是偶数.

然后让学生抛一枚硬币,并要求学生:硬币出现正面回答问题1,出现背面回答问题2.因为调查者不知道学生抛硬币的结果,学生就可以如实地回答问题了.那么,怎么计算考试作弊的频率呢?假如调查了100名学生,回答"是"的30名,我们能知道考试作弊的频率吗?我们来分析这个问题.

假设硬币是均匀的,那么回答两个问题的学生大约各占一半,可以认定均为50人;假设回答问题2的学生中,手机尾号偶数的占一半,那么可以认定有25人回答"是".这样,回答问题1的50名学生中回答"是"的学生就有5人,于是可以得到结论:学生考试作弊的频率为 $\frac{5}{50}=\frac{1}{10}$.

> 对于许多看似难以解决的问题,解决方法往往是出人意料的.这使依赖人的想象力.

从上面的讨论中可以看到,模式(4.12)构成了推断的基本形式,因此,也构成了归纳推理的基本形式.在这个基本形式下,针对研究问题的不同可以衍生出许多推断方法.但是,我们似乎也能够感觉到,使用这种基本形式是需要条件的,也就是说,要论述这种基本形式的合理性是需要条件的.那么,这些条件是什么呢?虽然我们说过,归纳推理是一种"自然"的思维模式,但是,正因为这个自然性使得人们忽略了分析这种思维模式的合理性,于是出现了诸如"休谟问题"这样的逻辑悖论.在下一讲,我们将讨论这种思维模式的合理性,并尝试性地提出休谟问题的解决方案.

第五讲 归纳推理的合理性

阅读提示

结果已知是或然的推理在人们的日常生活和生产实践中是被广泛应用的,是行之有效的.一个广泛应用的并且被实践证明是行之有效的思维过程必然有其合理性.其合理性就在于最大可能性原则,这个原则的本质就是最大限度地信赖经验所提供的信息.

为了解释结果已知是或然的推理,需要借助概率这样的数学概念.概率是类中事物的固有属性,是未知的.归纳推理就是对这个未知概率进行推断,可以推断的基础是不确定事件的可以重复性,称其为自然齐一性原理.遵从最大可能性原则的推断是一个好的推断,因为这样的推断满足平均相等标准和极限相等标准.

偶然和必然是描述事物发生形态的术语.通过偶然认识必然,通过必然解释偶然.关于必然规律的描述是一种假说,可以用符号表示.通过偶然的结果可以验证假说,孟德尔的豌豆试验是最好的例证.描述与验证的过程都依赖于归纳推理.验证的基准是否定假说原则.

原因和结果是描述事物发生联系的术语.原因不

是结果的充分条件而是结果的必要条件.有两种情况的原因:完全必要关系和相对必要关系.格兰特因果关系可以解释前者,药物有效性检验可以解释后者.如果因果关系存在,则恒定联系性原理存在.关于因果联系的描述是一种假说,可以用符号表示.通过经验的结果可以验证假说,验证的基准依然是否定假说原则,从而解释了休谟问题.但是,无论如何,人的认识是有限的.

在上一讲,我们讨论了如何利用归纳推理来推断一个类中事物的性质.一般来说,人们比较容易接受(4.1)所描述的推理模式,即接受那种结果可能是必然的推理模式.人们对于(4.12)所描述的推理模式总是心存疑虑:如果已知结果是或然的,那么,对于那些具有不确定性的结果还可能进行推理吗?这样的推理有道理吗?借助频率进行的推理是最好的方法吗?事实上,我们应当清楚,恰恰是(4.12)所描述的推理模式才是区别归纳推理与演绎推理的核心所在.为此,我们必须用较大篇幅来讨论这种推理模式的合理性.

> 探究思维的合理性是困难的,但又是必要的,特别是对数学教育而言.

我们知道,特殊与一般、偶然与必然、原因与结果,一直是认识论的重要话题.我想,前两个问题在本质上应当是一致的,只是侧重点有所不同:前者更侧重于事物的概念,后者更侧重于事物的规律.我们曾在第二辑第十节详细讨论了特殊与一般的问题,并且

第五讲 归纳推理的合理性

强调了"抽象"是沟通特殊与一般的桥梁,即通过抽象可以实现由特殊上升到一般的思维过程.在这一讲,我们将讨论偶然与必然、原因与结果的关系,还将特别论证:归纳推理是实现由偶然判断必然、由结果探究原因的逻辑思维基础.

◁ 这是归纳推理的重要特征.

§5.1 最大可能性原则

正如我们在上一讲举例说明的那样,结果已知是或然的推理在人们的日常生活和生产实践中是被广泛应用的,是行之有效的;而一个广泛应用的并且被实践证明是行之有效的思维过程必然有其合理性.当然,任何事物合理性的成立都需要条件,合理性的判断都需要原则,归纳推理也不例外.我们先讨论为了清晰地述说条件和原则所需要的基本概念,这些基本概念是来源于数学的.

◁ 在论证之前,首先要明确论证过程中可能使用的概念.

在上一讲的讨论中,我们反复使用了"频率"这个词.在数学中,与"频率"关联非常密切的概念是"概率".对于不确定性事情的推理研究,现代逻辑学在很大程度上借助概率,并称其为归纳逻辑.这种研究是从英国经济学家、现代归纳逻辑的创立者凯恩斯[①]

---

① 凯恩斯(John Maynard Keynes,1883~1946),英国经济学家,被誉为 20 世纪最有影响力的经济学家.宏观经济学的创始人,曾在剑桥大学专攻数学,毕业后从事经济学的教学与研究.主要著作有《论概率》、《货币论》和《就业、利息和货币总论》.

(Keynes,1883~1946)开始的,他在《论概率》①的开篇谈道:

我们的一部分知识是直接得到的,还有一部分知识是通过论证得到的.……但是,还有许多其他类型的论证看起来是合理的并且是重要的,却不是确定的.在形而上学、科学以及行为学中,大部分论证允许或多或少的不确定性,而我们又习惯于把合理的信念建立在这些论证之上.为了这类知识的哲学考察,概率的研究是必要的.

创建归纳逻辑公理体系的代表人物是德国逻辑学家卡尔纳普(Carnap,1891~1970).卡尔纳普非常强调概率在归纳推理中的作用,甚至他的整个逻辑体系就是以概率论为基础的.他在著作《概率的逻辑基础》的序言中,对这种思想进行了明确的表述②:

1.一切归纳推理(一切非演绎或非证明的推理)都是借助于概率的推理;2.归纳逻辑即归纳推理原则的理论也就是概率逻辑;3.概率概念表述的是两个陈述或命题之间的逻辑关系,是对基于证据(或前提)的假说(或结论)的证实度;4.统计研究中关于概率的所

全书包括绪论、附录在内共十二个部分.作者在大量原著和第一手资料的基础上,梳理出了19世纪末至20世纪归纳逻辑从古典向现代类型发展的基本线索与各种问题、思想、理论的来龙去脉,对归纳逻辑百年演进史上一些典型的、有代表性的重要理论作出了详细的评述.

---

① 本文译自:John Maynard Keynes, *A Treatise on Probability*[M],London:Macmillan and co.,limited,1921:3.本文的翻译采纳了东北师范大学外国语学院杨忠教授的建议.

② 参见:R. Carnap, *Logical Foundations of Probability*[M],Chicago,1962:5.
译文参见:邓生庆,任晓明著.归纳逻辑百年历程[M].北京:中央编译出版社,2006:175.

第五讲　归纳推理的合理性

谓频率概念本身是一个重要的科学概念,但不适于作为归纳逻辑的基本概念;5. 归纳逻辑的一切原则与定理都是分析的;6. 归纳推理的有效性并不依赖于诸如自然齐一性原理这样颇有争议的综合性预设.

但是,近一百多年来,随着人们对数学概念理解的加深,特别是对概率论、统计学理解的加深,逐渐明晰了统计学与数学的共性和区别,特别是明晰了统计学与概率论的共性和区别. 我想,对于归纳逻辑的研究仅仅借助概率是不够的,而需要更多地借助概率与统计的结合. 在人们的思维过程中,这个结合大概是这样体现的:根据背景创设问题模型需要更多地借助概率,利用证据结果验证问题模型需要更多地借助统计. 也就是说:用概率概念"表述"卡普内尔所说的证实度是可能的,但用概率概念"确认"这个证实度却是不可能的;确认借助概率概念表述的证实度必须依赖统计学中的频率概念;并且,对于这种"确认"的合理性分析必须依赖自然齐一性原理这样的原则,尽管人们对于这个原则存在很多争议. 下面,我们来详细讨论这个问题.

对于讨论的类 S 和性质 Q,任意一个元素 $a \in S$ 都可能有两个结果:$a \rightarrow Q$ 或者 $a \sim Q$. 为了讨论的方便起见,我们用 A 表示前者,用 B 表示后者;用 p 表示结果 A 发生可能性的大小,并且称这个可能性的大小为**概率**. 如果我们认为一件事情不能发生,则表示为 $p =$

◀ 在下面的论述中,我们将会看到共性和区别所在.

◀ 就认识问题而言,不能仅仅停留在述说的层次,而要通过实践来验证述说.

0；一件事情必然发生，则表示为 $p=1$. 因此，在通常情况下我们认定

$$0 \leqslant p \leqslant 1,$$

> 这是一个假定. 在大多数情况下这个假定是成立的，这个假定所依赖的原则仍然是排中律和矛盾律.

并且认定：p 越接近 0 则事情发生的可能性越小，越接近 1 则事情发生的可能性越大. 因为假定 A 和 B 这两个结果必然有一个发生，并且不能同时发生，因此：如果 A 发生的概率为 p，则 B 发生的概率为 $1-p$. 在日常生活和生产实践的交流中，人们可以这样表述概率 p：事情发生的可能性为 $100p\%$. 比如，当概率 $p=0.8$ 时则说：事情发生的可能性为 80%.

那么，如何才能知道概率 p 的大小呢？如果从纯粹数学的角度思考，概率是被定义出来的. 最初的概率定义是法国数学家、天文学家拉普拉斯（Laplace，1749～1827）给出的. 拉普拉斯在 1814 年出版的一本小册子《概率的哲学导论》中写道[1]：

> 机遇理论的要义是：将同一类的所有事件都化简为一定数目的等可能情况，即化简到这样的程度，我们可以等同地对待所有不确定的存在，并且确定欲求其概率那个事件的有利情况的数目，此数目与所有可能情况之比就是欲求概率的测度. 简而言之，概率是一个分数，其分子是有利情况的数目，分母是所有可

---

[1] 1812 年拉普拉斯的名著《分析概率论》出版，1814 年出第二版时，拉普拉斯增加了长达 150 页的绪论，同年，这个绪论以《概率的哲学导论》为书名单独出版. 本文翻译自英译本：Pierre Simon Marquis de Laplace, *A Philosophical essay on probabilities*, New York: John Wiley & Sons, 1902：6～7.

第五讲 归纳推理的合理性

能情况的数目.

几乎在所有教科书中,关于概率的定义都采用了拉普拉斯上文中的最后一句话:概率是一个分数,分子是有利情况的数目,分母是所有可能情况的数目.人们称这样的定义为**古典概率**.

◀这个分数是在假定条件下计算出来的.在下面的讨论中将会看到,假定条件是相当苛刻的.

在这里,我们必须注意到拉普拉斯的定义是有条件的,至少有两个条件是必须成立的.一个条件是:等同地对待所有不确定性的存在,因此,拉普拉斯所说的事件是那些等可能事件;另一个条件是:类中所有事件的数目是有限的,因此,拉普拉斯所说的类中的元素的个数是有限的.比如,考虑掷骰子的问题,那么,上述第一个条件要求骰子必须是均匀的,或者说,我们必须假定骰子是均匀的,即每次掷骰子 1~6 这些数字出现在上面的可能性是相等的.对于第二个条件,要求我们掷骰子的次数是有限的.如果掷一次骰子,考虑"点数为偶数"这个事件的概率,按照拉普拉斯的定义这个概率是一个分数:分母为所有可能发生情况,有 6 种情况;分子为 2,4,6 中有一个情况发生,共有 3 种情况.因此,这个概率为 $\frac{3}{6}=\frac{1}{2}$.

显然,利用拉普拉斯定义的概率无法解释(4.12)所显示的推理形式,因为在那个推理形式中我们并没有假定类 S 中元素的个数是有限的,这样,那个推理形式就不满足拉普拉斯所说的第二个条件.因此可以认为,拉普拉斯所定义的概率根本不适用于归纳推理

◀在绝大多数情况下,我们无法保证类中的元素个数有限,甚至不知道类中元素的个数.

的思维形式.但是,拉普拉斯所说的第一个条件:等同地对待所有不确定的可能情况,是有其合理的内核的,只是拉普拉斯过于强化了这个合理的内核.我们将在下一节详细地讨论这个问题.

进一步,拉普拉斯所述说的概率是在假设前提下通过定义和证明得到的,也就是说,如果假设是正确的,那么得到的结论就是必然的,这显然是通过演绎方法得到的结论.这样,如果用拉普拉斯所定义的概率作为我们论述归纳推理的基础,那就说明,基于经验的归纳推理的合理性也需要通过演绎推理进行解释,这种论证问题的思路显然是不合理的.即便如此,凯恩斯以及他的后继者卡尔纳普等学者在原则上依然是承认了这个思路,因为他们坚持借助定义的概率来解释归纳推理.事实上,这种借助定义的概率的解释方法是行不通的,因为在现实生活中人们无法知道概率 p 的确切数值,即无法知道概率 p 的真值.即便是对掷骰子这样简单的问题,人们也很难判定一个骰子是否是均匀的,也很难保证掷骰子过程中同一性条件的成立.因此,针对现实世界,可操作的方法只能是:**对未知的概率进行推断而不是定义**.下面,我们讨论如何通过归纳推理对概率 p 进行合理推断.我们将看到,讨论的过程也顺便论证了(4.12)所描述的推理形式的合理性.

用 X 表示 n 次验证中 A 出现(发生)的次数,则 X 可以取 $\{0,1,\cdots,n\}$ 中的任何一个数值,通常称像 X

▶ 在很多情况下,人们在论证问题的过程中,往往不顾及论证思路本身的合理性.

▶ 这是一个认识问题的基本原则.

第五讲 归纳推理的合理性

这样取值不确定的量为**随机变量**. 首先,我们假设在一次验证中 A 发生的概率为 p,这是一个未知的数. 在这个假设前提下,我们可以对随机变量进行演绎分析. 比如,如果在 n 次验证中 A 出现了 k 次,可以表示为 $X=k$ 并且 $0<k<n$,这也意味着 B 发生了 $n-k$ 次. 因为 A 发生的概率为 p,那么,A 发生 k 次的概率为 p^k;同样,因为 B 发生的概率为 $1-p$,则 B 发生 $n-k$ 次的概率为 $(1-p)^{n-k}$. 这样,在 n 次验证中 A 发生 k 次(同时,B 发生 $n-k$ 次)的概率就应当为:

◀ 通过对事物发生的背景进行分析,得到理论的结果,然后再通过实践来验证这个结果,是一种认识事物规律的有效方法.

$$p_k \equiv C(n,k) \cdot p^k (1-p)^{n-k}, \quad (5.1)$$

其中 $C(n,k)$ 是一个与 n 和 k 有关的常数,即表示事件"A 发生"顺序不同的所有可能情况,比如,$n=5$ 和 $k=2$,那么有 10 种可能情况,顺序不同的组合分别为

BBBAA, BBABA, BABBA, ABBBA, BBAAB,

BABAB, ABBAB, BAABB, ABABB, AABBB.

可以看到,$C(n,k)$ 就是我们在第一辑第十二讲中讨论过的二项式展开中出现的组合数,这个组合数也可以通过杨辉三角形得到[①].

现在,(5.1)式就构成了进一步推理的基础,我们称其为**模型**. 可以看到,到现在为止的讨论都是演绎的,通过对问题背景的分析,借助概率这个术语构建模型. 在模型中概率 p 是未知的,但又是确实存在的.

---

① 参见:华罗庚著. 数学小丛书:从杨辉三角谈起[M]. 北京:科学出版社,2002.

因为构建模型的不同必然会导致推理方法有所不同,这种构建模型的方法似乎是不可行的.但是,世上的事物是千变万化的,我们不应当期盼也不可能得到一种推理方法,使得这种方法放之四海而皆准.我们曾经说过,凡是具体的就必然会出现反例,因此,我们只能根据具体问题的背景,尽可能合理地构建模型,基于这个模型寻求尽可能合理的推理方法.所谓合理就是能够反映事实的本原,能够经受实践的检验.**基于经验的推理必然要通过经验的验收.**

> 这是一种自然的并且现实的推理方法.

下面讨论如何基于模型进行归纳推理.为了讨论问题的需要,我们必须建立一个基本原则.在逻辑层面上思考,这个基本原则就相当于演绎推理中的公理或者公设,这是讨论问题的出发点.虽然基本原则的建立可以依据不同的价值准则,可以因人而异,但是这个基本原则必须符合人们日常生活和生产实践的"常理",可以被大多数的人所接受,否则,我们将失去讨论问题的前提.

> 在对任何问题作出判断之前,必须清楚判断的准则是什么,即判断的出发点是什么.

我们给出的**基本原则**是:使得模型(5.1)式达到最大的 p 值就是未知概率的最合适的推断.确立这个原则的思想方法是这样的,如果认为思维模式(4.12)中 n 次"验证"是信息的唯一来源,那么,我们的推断就应当使这个已经发生了的"验证结果"出现的可能性最大.比如,我们进行了 n 次"验证",A 出现了 k 次,那么,对未知概率 p 的推断值应当保证"A 出现 k 次"这个结果的可能性最大.这是一种以事实为准绳的思

> 能在现实生活中抽象出这样的准则,是人类智慧的结晶.

第五讲　归纳推理的合理性

想方法,在统计学中称这样的思想为最大似然.我想,在归纳逻辑中可以称这个基本原则为**最大似然原则**,或者,**最大可能性原则**[①].既然归纳推理是基于经验的,那么,就应当最大限度地信赖并且利用经验所提供的信息,这便是我们提倡在归纳推理中使用最大可能性原则的原因.

◀事实上,我们只能依赖这样的思考方法.

下面讨论 p 取什么值时(5.1)式可以达到最大.因为组合数是一个常数,与取最大值无关,在计算过程中可以不考虑.又因为对数函数是一个单调函数,则求(5.1)式的最大值等价与求函数

$$F(p)=k\ln p+(n-k)\ln(1-p)$$

的最大值.对上式中的 p 求导并令导函数为 0,可以得到方程

$$\frac{k}{p}-\frac{n-k}{1-p}=0,$$

解方程可以得到 $p=\dfrac{k}{n}$.这就说明,当 $p=\dfrac{k}{n}$ 时(5.1)式将达到最大值.

这样,根据最大可能性原则我们推断:未知的概率 p 的真值可能是 $\dfrac{k}{n}$.也就是说,对于集合 S 和性质 Q,任意元素 $a\in S$,则 $a\rightarrow Q$ 的可能性为 $\dfrac{k}{n}$,这正是(4.12)的推理形式.这样,我们就在模型(5.1)的基础上论证了由(4.12)表述的或然推理的合理性.我们称

◀这样,就摆脱了演绎推理的束缚,因为频率是基于经验的对概率的推断而不是定义.

[①] 最大似然的英文为 Maximum Likelihood,其中 Likelihood 也可以直接翻译为可能性.

163

其中的频率 $\dfrac{k}{n}$ 为概率 p 的**最大可能性估计值**.

一个明显的事实是,即使我们用完全同样的方法,再次在类 S 中验证 n 个元素,得到的估计值也可能会是不同的,这就意味着估计本身是随机的. 为了强调这个随机性,通常用 $\dfrac{X}{n}$ 表示概率 p 的估计,其中 X 是一个随机变量,有时也称 $\dfrac{X}{n}$ 为频率. 如果实际验证了 n 个元素,得到 $X=k$,那么根据最大可能性原理,$\dfrac{k}{n}$ 就是概率 p 的估计值,这时的 k 是一个具体的数值.

伟大的德国数学家高斯(Gauss,1777～1855)用最大可能性的思想得到正态分布的密度函数,但没有对这个问题进行深入的讨论. 现代统计学的奠基人之一英国统计学家费歇(Fisher,1890～1962)深入地研究了最大可能性方法,从 1912 年开始做出了一系列工作,使人们逐渐认识到这种思想方法的重要性,并把这种方法广泛地应用于解决生产实际的问题中.

高斯

▶ 现实生活中的许多事情,并无对错之分,只有好坏之别. 事实上,"好坏"比"对错"更加考验我们的判断力.

用最大可能性方法得到的估计是不是在所有情况下都是最合理的呢?答案是否定的. 因为我们说过,凡是具体的必然存在反例. 在一些极端情况下,最大可能性估计并不一定是最合理的. 比如,我们预测篮球运动员投篮命中率,一个运动员投了两次都中了,最大可能性估计是 $\dfrac{2}{2}=1$,于是预测这个运动员的投篮命中率是 100%,这个预测显然是不合理的. 事实

第五讲 归纳推理的合理性

上,还有一种被称为贝叶斯估计的方法,是用 $\dfrac{k+1}{n+2}$ 来估计概率 p. 对于预测投篮的例子,贝叶斯估计是 $\dfrac{2+1}{2+2} = \dfrac{3}{4}$,于是预测这个运动员的投篮命中率是 75%,这个预测还是比较合理的. 大概与这个原因有关,现代许多逻辑学家都推崇贝叶斯的理论,并且利用贝叶斯理论论证归纳推理方法的合理性[①].

贝叶斯估计的基本思想路是这样的,虽然不知道概率 p 的具体数值,但知道这个概率必然是区间 $[0,1]$ 中的某一个数,那么,我们就可以先验地假定概率 p 等可能地取这个区间中的任意一个数,即假定概率 p 本身也是随机变量,并且这个随机变量的取值规律在 $[0,1]$ 这个区间上服从均匀分布. 然后,利用均匀分布这个先验分布以及贝叶斯后验公式计算出估计值. 可以看到,贝叶斯的方法更多地依赖人为的先验知识,进而更多地依赖人的主观意识,因此,就归纳推理的思维基础而言,贝叶斯理论不仅是繁杂的而且很可能是片面的. 在绝大多数情况下,最大可能性估计还是非常合理的,这个估计具有许多优良性,我们将在下一节详细地讨论这些问题.

◀ 在这个意义下,推断又类似于艺术,其结论可以因为判断准则不同而不同.

现在总结我们的基本思路:对于一类结果可能是或然的事物,根据问题的背景构建含有未知概率的模型;遵循最大可能性原则分析这个模型,给出未知概

◀ 那么,概率到底是什么呢? 我们在下一节讨论.

---

① 参见:邓生庆,任晓明著. 归纳逻辑百年历程[M]. 北京:中央编译出版社,2006:290~304.

率的最大可能性估计；然后对事物的背景进行推断.可以看到,这个思路本身是清晰的,也是非常合理的.详细的讨论参见下一节.

> 形式上,是对拉普拉斯提出的概率定义进行检验,而实际上,对于对那个骰子的均匀性进行检验.

应当特别说明的是,上面的推理过程也蕴含了对拉普拉斯所定义的概率的验证思想：我们可以凭借假设的先验知识给出一个概率数值,就像拉普拉斯做的那样,然后通过估计值来分析先验数值的正确性.比如,仍然考虑掷骰子的问题,我们可以先验地假设出现"点数是偶数"的概率为 0.5,但是,在实际操作中偶数点恰好出现一半的可能性几乎是没有的,我们只能用最大可能性估计来推断这个概率.显然,如果这个估计值与 0.5 比较接近,则判断先验假设可能是正确的；否则,否定先验假设.我们将在第三节详细地讨论这种验证的方法.

> 在讨论问题时,前提条件是重要的,但又往往是被忽略的.

综上所述,我们现在需要思考的问题是：构建模型是否需要条件？遵循最大可能性原则进行推断是否也需要条件？

§5.2 归纳推理的原理

上一节是借助概率来构建模型的.我们已经强调：这个概率是未知的.现在的问题是：这个概率是不是类中事物的固有属性呢？还是让我们从拉普拉斯的定义开始讨论.

第五讲 归纳推理的合理性

我们曾经说过,拉普拉斯给出的概率定义是需要一些条件的,其中的第一个条件是有其合理内核的,这个合理内核就是强调了不确定事件的可以重复性.在认识论上,穆勒把这个条件解释为归纳法原理,并称这个原理为**自然齐一性原理**,也就是卡普内尔曾经否定的那个原理.穆勒在他的《逻辑学体系》这本书中写道①:

我们必须看到,在关于什么是归纳的论述中,隐含着一个原理,这是一个关于自然进程和宇宙秩序的假设,这个原理就是:自然中存在着平行的情况,曾经发生过的东西,在足够相似的情况下将会再次发生;不仅如此,在同样的情况下将会永远发生.

……

不管我们如何表述,自然进程是齐一的这个命题都是归纳的根本原理或总的原理.

我想,穆勒所说的原理是正确的,因为事实确实如此.对于单一的事件,我们是无法作出任何推断的,但是,如果我们能够在同样的条件下,反复观察这样的事件是否还会发生以及发生程度,那么,我们就可能对这个事物的性质得到一些结论.比如,在中国的南方雨水很多,是否下雨是一个随机事件,人们在长

◀关于单一发生事件的分析,参见第五节的讨论.

---

① 本文译自:John Stuart Mill, *A System of Logic*:*Ratiocinative and Inductive*[M], New York:Harper & Brothers, Publishers, 1882(8th—Editopm):223.

期的生活实践中发现,当燕子飞得很低的时候,往往会伴随着大雨的到来,于是有了"燕子低飞蛇过道,大雨马上会来到"这样的谚语;再比如,在中国的东北地区很少刮东风,但如果刮东风并且下雨,那么,这场雨往往就会持续很长时间,于是就有了"东风不雨,雨上无晴"这样一个很合辙的谚语.这些便是人们对可重复事件长期观察得到的规律.

> 分析人们认识规律背后的思维过程,是重要的也是困难的.

必须注意到,穆勒所说的原理中有两个限制词是很重要的.一个限制词是:平行的情况,这意味着事件是独立发生的,也就是说,这一次事件的发生并没有受到上一次事件发生的影响,至少没有受到直接影响;另一个限制词是:相似的情况,这意味事件是等同发生的,也就是说,这一次事件的发生所提供的信息与上一次事件发生所提供的信息在本质上是等同的.很显然,这个原理也适用于结果可能是必然的情况,但是我认为,这个原理更重要的是针对结果已知是或然的情况.

> 为了讨论问题的准确,首先要准确问题所涉及的概念.

对于结果已知是或然的情况,我们称上述第一个限制词为:**事件的发生具有独立性**;第二个限制词为:**事件的发生具有等同性**(在统计学的教科书中称之为事件的发生是同分布的).这样,对一个类中随机事物的性质或者规律进行推断时,如果这个类中的事物可以被独立地、等同地观测,也就是说,如果这个类中的每一个事物所提供的关于性质或者规律的信息都是等价的,那么,我们可以对事物的性质和规律进行推

第五讲　归纳推理的合理性

断.在这种情况下,称类中事物的性质或者规律为**总体**,称那些观察了的事物为**样本**.所以,利用归纳推理"探究类中事物性质或者规律"的基本思维过程就是:**观察得到样本,通过样本推断总体**.

　　这样,对于(4.12)所述说的基于类的推理过程以及接续的、对这个推理的分析过程,都必须满足上面所说的两个条件,即必须满足:首先,类中的每一个元素都是独立地被选取出来的,而不是验证了前一个元素或者前几个元素,然后根据验证的结果来决定如何选取新的元素,这便是所谓的独立性;其次,不管被验证的元素是否具有性质 Q,我们都认为这个元素对性质 Q 的信息贡献是一样的,更确切地说,都认为这个元素对于概率 p 提供的信息是一样的,这便是所谓的等同性.

◀在推断结论之前,应当分析得到结论所需要的条件,或者,验证这个结论所需要的条件.

　　根据上述原理,我们可以确认认识论中的一个重要命题:**概率是类中事物的一个固有属性**.也就是说,类 S 中元素是否具有性质 Q 的可能性的大小是一个固有属性,只是我们不能确切地知道这个可能性的大小而已.为了更好地理解这个命题,我们考虑下面的例子:

◀后面的讨论将会显示,确认这个命题是重要的.

　　一个袋子里有若干形状一样的球,其中有白颜色的球和红颜色的球,有放回地从袋子里摸球.我们希望探究的问题是:从袋子中随机摸出一个球,这个球是白颜色的可能性大小.

> 通过例子分析问题,是理解概念和命题的最好方法,虽然每一个例子都是不全面的.

因为是有放回地从袋子中摸球,那么,我们可以认为袋子中的球有无穷多个,这些球就构成了类 S;根据希望探究的问题,白颜色就形成了性质 Q. 从问题的叙述我们可以认定,从袋子中摸出一个白球的概率 p 是确定的,这依赖袋子中白颜色球与红颜色球的比例,这个比例是已经确定了的、是类 S 的固有属性. 因为我们不知道袋子中球的具体情况,即不知道概率 p 的真实值,因此我们的目的就是要通过归纳推理来推断概率 p.

但是,穆勒并不这样认为. 因为事物发生的概率 p 是未知的,于是,穆勒确信这个概率不可能是事物本来的属性,而仅仅是人们的一种期望. 他在《逻辑学体系》的第二版中写道[①]:

> 虽然在我们的日常生活中,所遇到的问题大多数都是随机的,但认识随机事物的本质却是困难的.

我们必须记住,一个事件的概率不是这一事件本身的一种性质,而是用来表现我们或其他一些人期待它出现的一种性质,是用来表示我们或其他一些人期望它出现的理由程度的一个名字.

我想,穆勒的认识是有偏差的. 一个事件的概率虽然是未知的,但这个概率是包含这个事件的那个类的一种性质,是那个类的一个属性,这个属性并不是

---

① 参见:John Stuart Mill, *A System of Logic*:*Ratiocinative and Inductive*[M], New York:Harper & Brothers, Publishers, 1882(8th—Editopm):380. 这段译文参见:金岳霖著. 形式逻辑[M]. 北京:人民出版社,2005:339.

第五讲 归纳推理的合理性

某一个人或某一些人的期望,这个属性也不会因为某一个人或某一些人的期望的改变而改变.这就像我们上面所说的袋子里的球,虽然我们不知道白球与红球的比例,但是袋子里的白球和红球是确实的存在,因此白球和红球的比例是袋子里球的一个固有属性,这个属性是不可能因为某些人的期望而改变的.进一步,归纳推理的目的就是要用估计的方法来推断这个比例.虽然对概率的估计方法可以是多样的,比如,上一讲讨论过的最大可能性估计和贝叶斯估计,但对于各种估计的好坏的评价是存在客观标准的,这个标准就是能够更加真实地刻画概率,进而更加真实地反映真实背景.

◀ 因此,推断是一种基于客观实际的被动行为.

我们曾经利用最大可能性原则,论证了(4.12)所示的归纳推理思维"过程"的合理性,下面,我们将用演绎的方法论证(4.12)所示的归纳推理"结果"的合理性.也就是说,我们将论证用最大可能性估计来推断未知概率,其结果是"好"的,是可以令人满意的.为此,必须建立判断"估计推断概率"结果好坏的标准.可是,基于一个未知的概率,能够定义出一个合理的评价标准吗?下面,我们借助统计学的知识,尝试地讨论两个评价标准,并请读者从我分析问题的思路中判断这两个评价标准本身是否合理.在讨论问题的过程中,涉及的符号可能会比较复杂,那仅仅是为了述说的确切,不影响制定标准的基本思路.

◀ 给出标准本身就是一种创新,而且是一种意义深刻的创新.

平均相等标准. 这个标准的基本思路是这样的：虽然我们不能期望每一次估计的值恰好等于未知概率 p，但我们可以期望估计值的平均等于未知概率 p. 比如，我们考虑推理过程(4.12)，因为在 n 次验证中，性质 Q 的发生次数 X 可以取 $\{0,1,\cdots,n\}$ 中的任何一个数值，而取其中一个数值，比如 $X=k$ 的概率如(5.1)所示为 p_k，那么，随机变量 X 的平均状态就可以表示为

$$EX = (取值 0) \times (取值 0 的概率) + (取值 1) \times (取值 1 的概率) + \cdots + (取值 n) \times (取值 n 的概率)$$
$$= 0 \cdot p_0 + 1 \cdot p_1 + \cdots + n \cdot p_n.$$

▶ 这里描述的平均状态，与我们曾经讨论过的风险中所涉及的平均状态是一致的.

从上式中可以看到，所谓平均状态就是：所有可能取值与对应概率的乘积之和. 因为其中每个概率 $p_j \geqslant 0, j = 1, \cdots, n$，并且 $p_0 + p_1 + \cdots + p_n = 1$，所以 EX 就是数值 $0, 1, \cdots, n$ 的一个**加权平均**，其中权是取值所对应的概率. 在通常情况下，人们称 EX 是随机变量 X 的**均值**，称这个均值为随机变量 X 的**数学期望**；并且称 $E(\frac{X}{n})$ 是估计 $\frac{X}{n}$ 的均值，这相当于在上式等号两边都除以 n. 进一步，如果把(5.1)所示 p_k 的具体数值代入可以得到[①]

[①] 参见：郏诗松，等编著. 高等数理统计[M]. 北京：高等教育出版社，1998：88.

$$E(X) = np,$$

或者

$$E\left(\frac{X}{n}\right) = p. \qquad (5.2)$$

因此,我们可以明确地说:最大可能性估计的均值等于概率 p. 并且,我们称具有这样的性质的估计为**无偏估计**.

这样,我们就得到了判断估计好坏的第一个标准: $Ep(X) = p$,其中 $p(X)$ 表示概率 p 的一个估计. 比如,在我们讨论的问题中 $p(X) = \frac{X}{n}$. 这个标准告诉我们,一个好的估计,虽然不能保证每次得到的估计值都恰好等于真实的概率,但能够满足在平均意义下等于真实概率. 事实上,只要能够得到这个性质,我们就应当对归纳推理的效能充分满意了,虽然得到的结果不是必然的,但在平均意义下这个结果几乎是必然的. 在具体应用中,人们通常考虑(5.2)中的第一个式子,即 $EX = np$. 因为这个结果表明,如果进行 n 次验证,那么就理想状态而言,事件 A 发生次数的最大可能为 np,人们通常称这个最大可能的次数为**期望**. 这个话语意味着,这个结果是可以被我们期望的. 或许就是因为这个原因,穆勒认为概率是某一个人或某一些人的期望. 但是,并不是对于所有的情况,无偏估计都是存在的,比如贝叶斯估计就不是无偏估计.

◀ 在日常生活中,对于许多随机发生的事情,我们往往只关心平均可能的情况,这是有道理的,于是人们称这种关心为期望.

极限相等标准. 这个标准的基本思路是这样的: 虽然不能期望每一次估计的值恰好等于未知概率 p, 但可以期望验证次数很多时, 估计值能够非常接近未知概率 p. 这个想法是自然的, 因为生活的经验告诉我们, 对于一个可以反复验证的事情, 重复验证的次数越多, 则得到的结果也就越可靠. 那么, 应当如何用符号表达这种思想呢?

> 重要的是思路本身的合理性, 这个合理性是基于理念的.

稍微改变一下思考问题的方法, 即考虑验证次数 n 也是变化的. 这样, 事件 A 发生的次数就与验证次数 n 有关, 用 $X(n)$ 表示在 n 次验证中事件 A 发生的次数. 在这种情况下, 最大可能性估计就被表示为 $\dfrac{X(n)}{n}$. 现在, 我们需要利用符号表达: 当 n 较大时, 这个估计能够任意接近未知概率 p. 回想第一辑第七讲中关于极限的讨论, 我们可以这样表达:

> 这样, 验证次数本身也是动态的了. 事实上, 验证次数应当成为我们关注的对象.

对于任意给定的正数 $c>0$, 都存在一个正整数 N, 当 $n>N$ 时, 均有

$$\left| \frac{X(n)}{n} - p \right| \leqslant c.$$

这就意味着, 当次数 n 较大时, 估计与真值的差可以任意的小. 或者, 简约地把上式表示为

$$\lim_{n \to +\infty} \frac{X(n)}{n} = p, \tag{5.3}$$

其中极限是令 $n \to \infty$.

第五讲 归纳推理的合理性

但是,上面的符号表达是错误的,因为极限运算只能针对取值确定的数列,而不能针对取值不确定的随机变量. 对于随机变量,我们只能研究随机变量取某些数值的概率,因此,关于随机变量性质的讨论总是要与概率联系在一起. 于是,可以考虑随机变量 $\frac{X(n)}{n}$ 取真值 p 的概率,即便我们并不知道这个真值是什么. 如果用 $P\{A\}$ 表示随机事件 A 发生的概率,那么,我们可以得到一个类似的结果:

◀ 为什么极限运算不能直接针对随机变量?

对于任意给定的正数 $c>0$,均有

$$\lim P\{\,|\,\frac{X(n)}{n}-p\,|\leqslant c\}=1, \qquad (5.4)$$

或者等价地

$$\lim P\{\,|\,\frac{X(n)}{n}-p\,|> c\}=0. \qquad (5.5)$$

这个结果是瑞士数学家雅各布·贝努利(Jacob Bernoulli, 1654~1705)得到的,因此人们称这个结果为贝努利大数定律. 这个结果表明: 最大可能性估计 $\frac{X(n)}{n}$ 以概率 1 收敛到 p. 虽然我们用概率 1 表示必然发生的事件,但以概率 1 发生并不等价于必然发生,只能认为是几乎处处发生,也就是说,(5.3)式与(5.4)式是有所区别的: 由(5.3)式可以得到(5.4)式,但由(5.4)式不一定能够得到(5.3)式. 许多学者混淆了这个区别,他们提出利用频率的极限来定义概率,

◀ 概率 1 与必然之间的关系不是充分必要的.

并称它为概率的频率定义[①]. 事实上,这样定义是不可以的,因为我们无法保证频率必然收敛,甚至无法给出描绘频率与概率近似程度的误差. 因此,**我们只能用频率估计概率,而不能用频率定义概率.**

> 认识到这一点非常重要,对于中小学数学课程中的"频率"与"概率"的关系尤其如此.

因为由概率构成的列是取值确切的数列,所以(5.4)式或者(5.5)式的极限表示是合理的. 进一步,根据俄罗斯数学家切比雪夫(Chebychev, 1821~1894)给出的不等式,由(5.5)式可以得到:对于任意给定的正数 c 均有

$$P\left\{\left|\frac{X(n)}{n}-p\right|>c\right\} \leqslant \frac{p(1-p)}{nc^2} \leqslant \frac{1}{4nc^2},$$

后一个不等式成立是因为当 $p=\frac{1}{2}$ 时,$p(1-p)=\frac{1}{4}$ 达到最大值. 因为上式中的 c 是给定的数,那么当 n 逐渐变大,即验证次数逐渐变大的时候,上式的右边可以任意的小,这样,我们就可以得到用频率估计概率的估计误差.

> 对于所有的估计问题,估计误差的判断都是重要的,并且,这种判断的基础都是不等式.

我曾经考虑过一个更为仔细的问题:对于最大可能性估计,在平均意义下是不是样本多就好呢? 甚至,是不是多一个样本就好呢? 生活的经验与数学的直观告诉我们,这个结论很可能是正确的. 可是,应当

---

① 比如德籍美国哲学家莱欣巴赫(Reichenbach, 1891~1953)就是用频率定义概率,参见:邓生庆,任晓明著. 归纳逻辑百年历程[M]. 北京:中央编译出版社,2006:138. 在前一段时间,国内的一些教科书也采用了这样的定义,并称之为用频率定义概率,这是不合适的.

第五讲 归纳推理的合理性

如何表述这个结论,又如何证明这个结论呢?我想,这个问题可以这样表述,对于未知参数 θ,令 $\theta(n)$ 表示样本个数为 n 时参数 θ 的最大可能性估计,那么"在平均意义下样本多一个好"这个论断就可以用符号表示为:

▸ 制定标准后的符号表达就是第二步抽象.

$$E[\theta(n+1)-\theta]^2 \leqslant E[\theta(n)-\theta]^2,$$

其中 E 表示平均,即以概率为权的加权平均.上式说明:样本多一个则估计误差的平均就要小一些.虽然我只证明了一些特殊情况[①],但我相信这个结果可能是普遍成立的,于是就把这个结果作为一个猜想发表在国际数理统计学会的会刊上[②].

这样,我们就得到了判断估计好坏的第二个标准:$\lim P\{|p(n)-p|\leqslant c\}=1$,其中 $p(n)$ 表示样本个数为 n 时概率 p 的估计.这就意味着:一个好的估计,虽然不能保证验证次数 n 增大时估计值必然等于真实概率,但几乎以概率 1 这个结果成立.事实上,只要能够得到这个性质,我们也应当对归纳推理的效能充分满意了:虽然得到的结果不是必然的,但在极限意义下这个结果几乎处处是必然的.

综上所述,如果一个类中的事物或然具有某种性质,只要这些事物可以被独立地、等同地观察,那么,

---

① 参见:史宁中著.统计检验的理论与方法[M].北京:科学出版社,2008:88.
② 参见:Shi N-Z, *A conjecture of maximum likelihood estimator*[J], IMS Bulletin, 2008(4):4.

性质或然发生的概率是类中事物的固有属性,并且,这个概率是可以被推断的.如果对于这个概率除了观察之外没有其他信息,那么可以采用(4.12)的推理模式,并且,最大可能性原则对这样的模式是适用的.基于最大可能性原则的推断具有许多优良性,可以保证在平均意义下以及在极限意义下,推断的结果与未知概率是一致的.特别是,最大可能性原则的核心思想就是最大限度地信赖观察结果,这与归纳推理的宗旨也是一致的.

▶ 得到的结论可以被接受的前提是,得到这个结论的思维过程与人们日常生活的常理是不悖的.

§5.3 偶然与必然:一个遗传学的启示

归纳推理的一个重要的功能,就是实现人们通过偶然认识必然的思维过程.我们将在这一节详细地分析这个思维过程,进而讨论偶然与必然的关系.

偶然和必然是描述事物发生形态的术语,人们普遍认定,事物的发生在本质上只有这两种形态.这样,我们就可以得到三种可能的论断:偶然和必然是对立的,事物的发生要么是偶然的,要么是必然的;事物的发生既是必然的又是偶然的,可以通过必然解释偶然;事物的发生既是偶然的又是必然的,可以通过偶然认识必然.

▶ 要把偶然和必然这两个词界定清楚是非常困难的,因为这两个词只是用于对形态的描述.

恩格斯曾经有力地批驳了第一种情况,他在《自

第五讲 归纳推理的合理性

然辩证法》中说①：

> 这就是说：凡是可以纳入普遍规律的东西都是必然的，否则都是偶然的．任何人都可以看出：这等同于这样一种科学，它把它能解释的东西自称为自然的东西，而把它解释不了的东西归之于超自然的原因；把解释不了的东西产生的原因，叫做偶然性或者叫做上帝，对事情本身来说是完全无关紧要的．……在必然的联系失效的地方，科学便完结了．

古代西方哲学重视的大概是第二种情况．哲学界普遍认为，关于偶然和必然的论述是从古希腊的哲学家留基伯(Leukippos，约公元前500～前440)开始的，因为他说过②："没有什么是可以无端发生的，万物都是有理由的，而且都是必然的．"他的学生德谟克利特(Demokritos，约公元前460～前370)论述得更加充分，他举例说明③，某些看来是偶然的事件，像种橄榄时挖地发现了宝藏，秃鹰从高空猛扑乌龟而碰破了脑袋等，都有必然的原因．显然，德谟克利特的故事过于粗糙，似乎更多地是在说明原因和结果的关系，而不是在说明偶然和必然的关系．

◀ 根据这样的思维逻辑，似乎任何事情都可以找出其必然发生的理由，但事情的发生并不是如此简单．

西方的这种认识在很大程度上影响了当代，因为

---

① 参见：恩格斯著．自然辩证法[M]．于光远，等译编．北京：人民出版社，1984：92．
② 参见：罗素著．西方哲学史[M]．何兆武，李约瑟译．北京：商务印书馆，1997：99．
③ 参见：第尔斯-克兰茨编．苏格拉底以前哲学家残篇 DK68A68[M]．柏林：魏德曼出版社，1974；也参见：姚介厚著．西方哲学史：第二卷[M]．南京：江苏人民出版社，2005：353．

人们普遍认为[1]：

> 必然性产生于本质因素,即事物内部的主要原因,决定着事物总体的发展前途和方向.偶然性产生于非本质因素,即事物次要的外部的原因,在发展中一般居于从属地位,使总体上确定不移的过程在具体环节上又表现出非确定性的特点,任何事物的发展都是必然性与偶然性的辩证统一.必然性要通过大量的偶然性表现出来.偶然性作为必然性的表现形式和补充,又包含着必然性.

▶ 人们往往关注如何用必然来解释偶然,事实上,更重要的是通过偶然来认识必然.

上面的论述是非常清晰的,也是非常确切的.但是,在讨论偶然产生的原因时,用"非本质因素"这个词是不确切的.一方面我们很难判断什么因素是本质的,什么因素是非本质的；另一方面,即便是非本质因素,如果事物的每次发生都含有这个因素,就应当把这个因素归类于必然.所以,确切表述应当是"随机因素",也就是影响事物发生的那些可能出现也可能不出现、可以这样出现也可以那样出现的因素.

虽然我并不认为所有偶然的背后一定会有必然作为支撑,但我确信所有必然都是通过偶然来表现的,并且,正是因为必然是通过偶然表现的,人们才可能认识必然.因此,我认为应当把第二种情况与第三种情况结合,才可能真正地理解偶然和必然,即**通过**

---

① 参见：李淮春主编.马克思主义哲学全书[M].北京：中国人民大学出版社,1996:23.

第五讲 归纳推理的合理性

偶然认识必然,通过必然解释偶然. 我们在此必须强调的是,在通过偶然认识必然的过程中,其思维形式主要是归纳推理①.

为了讨论问题的方便,我们用符号建立一个模型来描述偶然和必然之间的关系. 如果用 x 表示偶然表象,用 a 表示必然规律,那么,这个关系可以表示为:

$$x=a+\varepsilon, \tag{5.6}$$

其中希腊字母 ε 表示那些因为一些随机因素引起的变化,从而表现了 x 的偶然性. 其中的加号并不表示多了一些东西,因为随机因素可能会产生负面影响.

当然,我们这里说的必然是指那些高于单纯依赖感官的认识. 比如,生活的经验告诉我们,位居高处的物体失去了束缚必然会下落,这是必然的,但这仅仅是单纯凭借感官所认知的必然. 可以想象,动物也能感知到这种必然,因为动物绝对不会无端地从悬崖上坠落. 我想,在单纯感官的基础上,人们至少还要关心两个问题:一是为什么会有这种现象,二是这种现象如何表现. **第一个问题涉及必然产生的原因,第二个问题涉及必然产生的形式**. 如果要深入地讨论偶然与必然,这两个问题是具有一般性的. 其中的第一个问

◀首先需要限定概念的范围.

◀其次要限定结论的性质. 必然规律表现的是规律的存在形式,而不是规律的存在原因.

---

① 古代中国具有这样的思维方法,比如《周易·系辞上》中说:"形而上者为之道,形而下者为之器",其中的道就蕴含了必然,其中的器就蕴含了偶然. 详细的讨论参见:史宁中著."形而上者谓之道,形而下者谓之器"评析. 古代文明,2010(3):37~41.

题实在难以回答,比如上面所说的自由落体的问题,虽然牛顿总结出了万有引力,但至今人们依然很难回答为什么会有引力:太阳为什么会拉着地球而不让地球离开呢? 我们只能含糊其辞地说,引力是物质的固有属性[①]. 因此,我们把必然限定在第二个问题,并且称其为必然规律.

> 在日常生活中,有一些我们能够感悟却永远得不到答案的东西.

必然规律的描述是一种假说,偶然可以用来验证假说. 如果把必然限定为必然规律,那么,必然就是未知的,就像我们曾经讨论过的概率一样. 这样,模型(5.6)中有两个参数 a 和 ε 是未知的,因而这个模型是不可推断的[②],这个模型只能是一个理念. 为了把理念转换为可推断的现实,我们需要再一次分析人们认识问题的思维过程. 就像我们曾经讨论过的那样,人们认识问题是从观察开始的,通过联想、依据事物的形式构建类,基于类推断类中事物的性质或者规律. 接下来思维就要求人们:建立概念或者借助符号来描述事物的规律,最后,通过实践来判断这个描述是否合理. 这样,为了认识(5.6)式中未知的 a 就必须描述这个 a. 我们称这样的描述为**假说**,并且用 A 表示 a 的假说. 于是,在验证的过程中就可以用假说的 A 来代

> 用假说来代替未知,这是认识规律的必由之路.

[①] 最近,理论物理学家希望用高维度空间的曲面变化来解释包括引力在内的四种力,比如十维空间. 参见:[美]加来道雄著. 超越时空·通过平行宇宙、时间卷曲和第十维度的科学之旅[M]. 刘玉玺,曹志良译. 上海:上海科学教育出版社,2009.

[②] 考虑收甲、乙两家电费的问题,用 a 表示甲家的电费,ε 表示乙家的电费,x 表示两家共同的电费. 很显然,如果仅知道 x 的数值,无法推断 a 和 ε 的数值.

第五讲 归纳推理的合理性

替未知的 a,这样,模型(5.6)就可以写成

$$x = A + \varepsilon. \qquad (5.7)$$

虽然假说不一定是正确的,但却是已知的,于是在上式中有两个因素是已知的:x 是基于观测得到的,A 是基于假设得到的.现在,我们可以给出一个**认识必然的流程**:通过以往的观察和事物的背景提出假说,通过现在的观测验证假说,通过验证的假说解释必然.下面,我们通过一个实例来具体地分析这个认识必然的流程,这个实例可能复杂一些,但这个实例可以非常深刻地说明问题.

孟德尔(Gregor Johann, Mendel, 1822~1884),奥地利遗传学家,遗传学的奠基人,又译门德尔.

遗传学家孟德尔(Mendel,1822~1884)于1865年发表了他的重要论文《植物杂交试验》.文中提出了遗传因子的概念,并且提出了遗传学中两个最基本的定律:分离定律和自由组合定律.进一步,孟德尔用豌豆的试验验证了他的定律.

孟德尔集中研究豌豆的两个性状:颜色和外表.其中,颜色分黄和绿两种,外表分圆和皱两种.首先,孟德尔发现了这样的事实,如果把纯合子黄颜色的豌豆与纯合子绿颜色的豌豆杂交,则收获的豌豆都是黄颜色的,但是,如果把收获到的豌豆再进行一次杂交,则第二次杂交后收获到的豌豆既有黄色也有绿色.为什么会出现这样的结果呢?孟德尔设想有一种东西存在,这种东西可以在豌豆的体内世代相传,他称这

◀从发现的事实出发,开始深入的思考,提出假说.

个东西为**遗传因子**. 进一步, 孟德尔设想, 遗传因子有显性也有隐形, 显性的则在下一代性状中表现, 隐性的则在下一代性状中不表现. 比如, 豌豆的关于颜色的遗传因子, 黄色是显性的, 绿色是隐性的. 这样, 根据这个假说就解释了为什么杂交第一代全是黄色, 而第二代不仅有黄色还有绿色. 我们把孟德尔的这个思路用图解释如下:

> 这个假说是多么大胆, 又是多么的合情合理. 由此可见, 人的想象力可以达到多么深刻的程度.

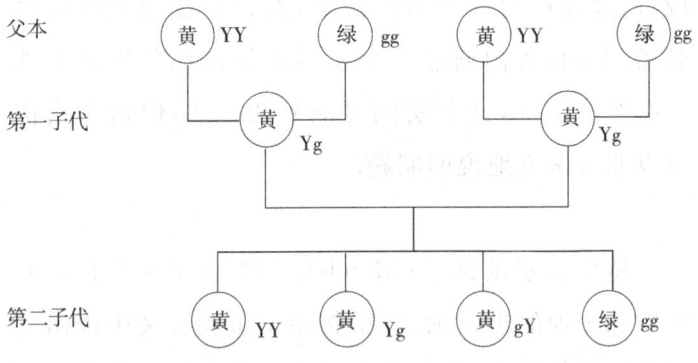

图 5.1 颜色遗传图谱说明

其中, 圆圈中的黄或者绿表示性状, 圆圈外的英文字母表示遗传因子: Y 为黄色, g 为绿色. 根据拉普拉斯的定义, 容易推算, 第二子代出现黄色的概率为 $\frac{3}{4}$, 出现绿色的概率为 $\frac{1}{4}$. 分别用符号表示为 $P(Y) = \frac{3}{4}$ 和 $P(g) = \frac{1}{4}$. 对于外表性状圆和皱, 可以类似地考虑. 根据以往的经验, 孟德尔假设圆的遗传因子为显性, 皱的遗传因子为隐性. 如果用 R 表示圆, 用 w 表示皱, 同

第五讲 归纳推理的合理性

样的道理,第二子代出现圆和皱的概率分别为 $P(\mathrm{R})=\dfrac{3}{4}$ 和 $P(\mathrm{w})=\dfrac{1}{4}$.

现在,综合考虑颜色和外表这两种性状.父本豌豆分别选用两个纯合子:黄圆和绿皱,那么,第二代杂交豌豆的性状可能出现四种结果:黄圆,黄皱,绿圆,绿皱,即 YR,Yw,gR,gw.根据自由组合定律,出现"黄圆"概率等于出现"黄"概率乘以出现"圆"的概率,即 $\dfrac{3}{4} \cdot \dfrac{3}{4} = \dfrac{9}{16}$.这样,根据自由组合定律,可以计算出各自出现的概率为①

◀ 在假说的基础上进行演绎分析,可以得到理想结论,或者说,可以得到期望结论.

$$P(\mathrm{YR}) = P(\mathrm{Y})P(\mathrm{R}) = \frac{3}{4} \cdot \frac{3}{4} = \frac{9}{16};$$
$$P(\mathrm{Yw}) = P(\mathrm{Y})P(\mathrm{w}) = \frac{3}{4} \cdot \frac{1}{4} = \frac{3}{16};$$
$$P(\mathrm{gR}) = P(\mathrm{g})P(\mathrm{R}) = \frac{1}{4} \cdot \frac{3}{4} = \frac{3}{16};$$
$$P(\mathrm{gw}) = P(\mathrm{g})P(\mathrm{w}) = \frac{1}{4} \cdot \frac{1}{4} = \frac{1}{16}. \qquad (5.8)$$

上面这个式子意味着,如果孟德尔假设的两个定律存在,那么,第二代杂交豌豆的颜色和外表出现黄圆、黄皱、绿圆、绿皱的比例为 9∶3∶3∶1.

这就是根据孟德尔假说得到的必然结论.可以看到,至此为止的所有结论都是基于经验的假设,通过

---

① 参见:史宁中著.统计检验的理论与方法[M].北京:科学出版社,2008:73~74.

演绎推理得到的,也就是说,结论是从假设出发通过计算得到.这样,如果假设成立则结果也必然成立.可是,这样得到的结论虽然是必然的,但不一定是正确的.正像我们曾经说过的,现实世界的结论正确与否,最终还是需要通过现实世界验证.于是,孟德尔进行了著名的豌豆试验,即依据假设的要求安排了豌豆的试验.通过试验得到第二代杂交豌豆556粒.试验表明,第二代豌豆确实出现了所述说的那四种结果,从而表明孟德尔关于遗传因子存在的假说以及分离定律可能是正确的.进一步,如果孟德尔的自由组合定律也是正确的,那么,出现黄圆豌豆粒数的期望应当是:总粒数×黄圆概率,即 $556 \cdot \frac{9}{16} = 312.75$. 这样,根据(5.8)式可以计算出四种结果的粒数期望分别为

▶ 最终,需要通过实验结果来验证期望结论的正确性.

$$E(\mathrm{YR}) = 556 \cdot \frac{9}{16} = 312.75;$$

$$E(\mathrm{Yw}) = 556 \cdot \frac{3}{16} = 104.25;$$

$$E(\mathrm{gR}) = 556 \cdot \frac{3}{16} = 104.25;$$

$$E(\mathrm{gw}) = 556 \cdot \frac{1}{16} = 34.75. \qquad (5.9)$$

而孟德尔豌豆试验的实际试验结果分别是:

$$\mathrm{YR}:315; \mathrm{Yw}:101; \mathrm{gR}:108; \mathrm{gw}:32. \qquad (5.10)$$

第五讲 归纳推理的合理性

现在,我们就可以用孟德尔的试验数据(5.10)和期望数据(5.9)之间的差异,通过假设模型(5.7)检验理念模型(5.6)的正确性.这便是我们通常说的"通过实践检验真理".

◀ 检验是一种比较,比较的对象是理念和现实,比较的方法是数据分析.

就像我们相信许多自然现象都存在着内在规律一样,我们相信遗传规律是存在的,这是一个必然规律.但是,我们不知道这个规律是什么,我们既不知道模型(5.6)是否正确,也不知道其中的 a 是什么.孟德尔学说从一个侧面描述了这个必然规律,但这个描述仅仅是一个假说,即(5.7)式中的 A 是一种关于自然规律的述说,我们姑且用 A 来代替未知的 a.但是,我们无法直接判断孟德尔学说,因为我们无法直接与大自然对话,因此,我们可能也只能通过试验结果来验证孟德尔的假说.现在,期望数据(5.9)就是假说 A 的具体表达,试验数据(5.10)就是偶然观察 x 的具体表达,我们需要并且只能通过 x 来验证 A.

在验证之前,必须注意到这样的事实,即使孟德尔的假说是完全正确的,即由(5.9)给出的期望数据是完全正确的,我们也不可能通过具体的试验得到完全一样的数据,因为在试验过程中存在日照、通风、授粉、地利等随机因素的影响,这便是模型中随机因素 ε 的影响.因此,每一次试验结果的出现都是偶然的,是不可能确切预测的,而我们只有唯一的办法:通过偶然的结果验证必然的假说.可是,应当如何验证呢?

◀ 通过偶然认识必然的本质,是构建关于必然的假说,并且通过偶然的结果来判断假说的正确性.

验证原则. 通过偶然验证必然的原则是什么呢？生活经验告诉我们，如果关于必然的假说是正确的，那么，每一次偶然得到的试验数据都不会距离期望数据很远；反之，如果试验数据与期望数据相差很大，那么，关于必然的假说很可能是错误的. 我们宁可相信事实也不相信说教，这或许就是爱因斯坦所说的"基于被尊重的事实"的本意. 我想，这些生活常识便是建立原则的基本依据. 根据这个基本依据，我们建立如下**否定假说原则**：

> 如果试验数据与期望数据相差很大，则认为假说不成立；否则，不能否定假说的正确性.

▶ 这再次说明，判断原则来源于日常生活的自然思维，也就是说，判断原则必须符合人们的正常思维.

这个原则是来自统计学的，但我认为用在这里是非常合适的. 这个原则似乎不符合人们通常的思维习惯，因为这个原则只涉及了假说的否定与否的判断，没有涉及假说的肯定与否的判断. 而我们希望达到的目标是：肯定假说或者否定假说. 但是，现实生活往往就是如此，有时我们很难给出肯定的结论，却可以给出与此相关的不能否定的结论. 邓小平（1904~1997）虽然没有明确地解释什么是社会主义，但肯定地说："贫穷不是社会主义." 这样，我们就得到了一个关于社会主义的必要条件，这一个条件就足以给出一个否定的命题. 人们之所以这样思维，是因为我们不能确切地知道那些应当肯定的到底是什么，进而无法进行

▶ 现在的问题是，人们的正常思维到底是什么呢？

第五讲　归纳推理的合理性

判断. 在这个意义上, 所有通过归纳推理得到的推断, 都只能采用这样的判断原则, 通过偶然推断必然也是如此. 在本质上, 我们不是肯定必然规律的述说, 而是因为不能否定必然规律的述说, 才不得不接受必然规律的述说. 在这个意义上, 真理永远是被动的, 或许正如罗素所说[①]:

◀ 科学家们只有坚持这样的判断原则, 科学才能得以不断的发展.

科学在任何时候都不会是十分正确的, 但也很少是十分错误的, 并且常常比非科学家的学说有更多的机会是正确的. 因此, 以假定的态度来承认它, 是合乎理智的.

为了应用上述基本原则, 我们必须构造出一个具体的准则, 使得人们可以利用这个准则判断观察到的偶然 x 与理论假说 A 之间的差异, 通常称这样的准则为距离. 对于孟德尔的试验结果, 我们需要判断试验数据与期望数据差异的大小, 因此, 我们需要定义试验数据与期望数据之间的距离. 为了方便起见, 我们用 O 表示观察数据(Observation), 用 E 表示期望数据(Expectation), 那么, 观察数据和期望数据之间的距离可以表示为

◀ 构造出具体的判断方法是解决问题的关键.

$$X^2 = \sum \frac{(O_k - E_k)^2}{E_k}, \qquad (5.11)$$

───────────
① 参见:罗素著.我的哲学发展[M].温锡增译.北京:商务印书馆,1995:12.

其中和号表示对所有可能结果 $k=1,\cdots,n$ 求和. 比如,对于孟德尔的试验数据,可以知道 $n=4$ 并且知道试验数据以及与之对应期望数据分别为: $O_1 = 315$, $E_1 = 312.75$; $O_2 = 101$, $E_2 = 104.25$; $O_3 = 108$, $E_3 = 104.25$; $O_4 = 32$, $E_4 = 34.75$.

一般来说,用差的平方定义距离是合适的,可是,为什么在上面的式子中还要除以期望数据呢? 这完全是为了去掉量纲对距离的影响,否则以万为单位计数和以千为单位计数将会得到不同的结果. 人们通常称去掉量纲影响的方法为标准化.

这个公式是英国统计学家皮尔逊[①](K. Pearson, 1857~1936)给出的. 因为在期望假设正确的前提下,皮尔逊推导出随机变量 X^2 的取值规律服从自由度为 $n-1$ 的卡方分布,因此,人们称这个量为皮尔逊**卡方统计量**. 这个统计量是人类第一次从定量的角度刻画观测数据与期望假设之间的关系,也就是说,从定量的角度刻画了现实观察与理性思维之间的关系,因此,这个结果无论是在思想上还是在实际应用中都是非常重要的.

> 在现代社会,定量分析变得越来越重要了,因此,数学也变得越来越重要了.

把试验数据与期望数据代入(5.11)式可以得到 $X^2 = 0.47$,并且,根据卡方分布的理论,可以计算得

---

① 卡尔·皮尔逊(Karl Pearson, 1857~1936),英国统计学家,现代统计学的奠基人. 他提出的卡方检验、相关系数、回归理论、大样本理论,已经成为现代统计学的基础. 他还把统计方法应用于生物学、心理学和社会学,为这些学科的定量分析方法作出重要贡献. 卡尔·皮尔逊还是一位社会活动家,他的名言是"我们无知,因此让我们努力".

第五讲 归纳推理的合理性

到:如果孟德尔假说是正确的,特别是自由组合定律是正确的,那么,卡方统计量大于等于这个实验数据的概率为

$$p = P\{X^2 \geqslant 0.47\} = 0.39.$$

现在,我们应当如何分析这个实验结果和计算结果呢?

利用否定假说原则:如果试验数据与理论数据相差很大,则认为理论是不成立的;否则,则不能否定理论假设的正确性. 上面的计算数据说明,如果孟德尔假说是正确的,那么试验数据有 39% 的可能大于等于这次的实验数据 0.47. 经验告诉我们,39% 这个概率是很大的,根据这个概率不能认为试验数据与理论数据相差很大,因此,不能否定孟德尔假说,特别是不能否定自由组合定律的正确性. 这样,我们只能认为孟德尔的试验数据支持了孟德尔学说. 事实上,这个支持是强有力的,这个支持为以后遗传学的发展建立奠定了坚实的基础.

◀ 事实是用这样的一种方式支持假说的.

可以看到,在上面的分析过程中概率 p 是至关重要的,通常称这个值为 p 值. 到现在为止,人们已经利用这样的 p 值解决了成千上万的实际问题,并且在应用的过程中逐渐形成了共识,那就是,当 p 值小于等于 0.05 时,即 $p \leqslant 0.05$ 时,才认为试验数据与理论数据之间有差异,特别是,当 $p \leqslant 0.01$ 时,认为试验数据与理论数据之间有显著差异. 这种认识的思想基础是:小概率事件一次不可能发生. 这种思想是符合日

◀ 正因为有了这样的具体数值,人们对于随机发生的事件也可能进行判断了.

常生活和生产实践常理的,正如我们在绪论中说的那样,人们不会因为有地震而不建高楼,也不会因为有交通事故而不购买汽车.

显然,上述小概率事件的思想使得否定假说原则更加具体了,但我们也应当看到,这种思想是"偏向"理论假说的,因为这种思想使得拒绝理论假说变得更加困难.或许,人们普遍抱有同情心:建立一个理论假说是如此困难,不要轻易拒绝.在这个思想下重新审视孟德尔的试验数据,可以看到,通过计算得到的概率是比较大的,也就是说,试验数据与理论数据是比较接近的.因为这个"过分"接近,使得费歇怀疑孟德尔试验数据的可靠性,他在《科学年鉴》发表文章,针对孟德尔的试验数据进行评论,最后费歇总结说[①]:

> 尽管不能期待有任何令人满意的解释,但仍有可能的是孟德尔被他的某些助手欺骗了,这些助手太了解什么是孟德尔所期望的结果.

▶ 有时候,科学也是需要同情心的.

▶ 科学家总是用怀疑的眼光来看待事物.

费歇的文章告诉我们,在统计学家的眼里,孟德尔的试验数据过分地接近期望数据.当然,这也从一个侧面告诉我们,孟德尔的试验数据强有力地支持了他的学说.

---

① 参见:Fisher R A, *Has Mendel's Work Been Rediscovered*? Annals of Science,1934:115~137. 也可参见:C. R. 劳著. 统计与真理:怎样运用偶然性[M]. 李竹喻,等译. 北京:科学出版社,2004:52.

第五讲 归纳推理的合理性

无论如何,从上面的分析可以认为,一种具有必然性的遗传规律是存在的,这个遗传规律很可能就是孟德尔的学说,其中包括遗传因子和两个定律.因为试验的结果不能推翻孟德尔的学说,也就是说,基于偶然的试验数据支持了孟德尔所假设的必然规律.

后来,人们通过实验发现孟德尔所说的遗传因子确实存在,即 DNA.并且,人们还知道 DNA 是由四种碱基对排列而成的.21 世纪初,人们已经能够测出人类 DNA 中碱基对的排列顺序了,这便是所说的解读人类遗传密码.事实上,人类的遗传密码犹如一部天书,要真正地读懂这部天书还需要科学家艰辛的并且是漫长的努力.在读解这部天书的过程中,人们发现孟德尔学说还是非常原始的,描绘的规律还是非常粗糙的.于是,人们不断地创造新的学说来替代孟德尔的学说①.虽然后来创立的新学说所包含的内容越来越丰富,涉及的概念越来越复杂,揭示的必然规律越来越确切,但是,所有的学说仍然都是假说,所有的学说都是通过归纳推理得到的.因此,所有的学说也都必须通过我们上面述说的方法进行验证.虽然操作方法可以有所不同,但通过偶然验证必然的流程没有改变,通过偶然判断必然的基本原则也没有改变.

◀假说的确立可以帮助人们有目的地深入思考问题.

◀假说的创新体现了科学的进步.

---

① 比如,等位基因的理论就可以直接用来解释孟德尔学说.更精细的还有分子生物学中心法则,这个法则描述了"DNA 制造 RNA,RNA 制造蛋白质,蛋白质协助上述过程以及 DNA 自我复制"这样一个过程,参见:Crick, F., *Central Dogma of Molecular Biology*[J], Nature,1970(227):561~563;也可参见:Weiner, E., *Genome Semantics*, *In Silico Multicellular Systems and the Central Dogma*, FEBS letters 2005(579):1779~1782.

重复观察. 在人们的日常生活和生产实践中,虽然事物发生的条件以及发生的程度可能会有所不同,但偶然事件往往可以被重复地观察到. 我们应当如何分析这样的问题呢? 比如,重复观察了 n 个事件,得到的数据可以表示为 $x_1, \cdots, x_n$,对应于假说模型(5.7)误差可以表示为 $\varepsilon_1, \cdots, \varepsilon_n$. 那么,这样的数据有什么特点呢? 可以设想: 如果必然规律的假说基本正确,即 A 是确实的,那么,这些数据就应当比较集中,并且,误差应当呈现相互抵消的趋势. 也就是说,就理论形式而言,$\varepsilon_1 + \cdots + \varepsilon_n = 0$,并且,大多数的误差集中在 0 附近. 我们用一个物理学的例子来分析这个设想.

> 误差是偶然的具体表现,因此,对于一类问题,可以通过误差分析的方法来寻求偶然与必然之间的关系.

自由落体. 伽利略告诉我们,即便是不同重量的物体,下落的速度也是一样的. 伽利略总结出下落的规律: 如果物体下落 t 秒,那么这个物体下落的距离为 $s = \frac{1}{2} g t^2$. 其中 g 是一个常数,称为重力加速度,在地球上大约为 9.8 米/秒^2. 也就是说,在地球上一个自由落体的下落速度是随着时间逐渐增加的,大约每隔一秒钟增加 9.8 米.

可以看到,伽利略的述说是需要假设的,这个假设就是: 自由落体的下落规律完全可以由常数即加速度描述. 如果这个假设成立,那么上面的距离公式是可以推算出来的. 现在,需要通过实验来验证伽利略的关于必然规律的假设,并且得到其中的常数. 为了

> 解决复杂问题的根本方法就是把握问题的本质.

第五讲 归纳推理的合理性

方便起见,我们反过来安排实验,即给定高度 s,通过时间来验证伽利略关于自由落体的公式.通过变换考察时间的公式可以写成

$$t = \sqrt{\frac{2s}{g}},$$

因为距离 s 已知,我们可以通过伽利略的公式计算物体下落距离 s 的期望时间 t.如果我们进行了 n 次实验,得到实验时间分别是

$$t_1, t_2, \cdots, t_n.$$

用 $\varepsilon_1 = t_1 - t, \varepsilon_2 = t_2 - t, \cdots, \varepsilon_n = t_n - t$ 表示实验时间和期望时间之间的差异,那么,根据我们的设想,这些差异中应当有正数也有负数,并且这些差异之和应当接近 0.进一步,我们还可以希望实验时间和期望时间之间的离差平方和

$$D = \varepsilon_1{}^2 + \varepsilon_2{}^2 + \cdots + \varepsilon_n{}^2$$

比较小.如果说差异之和接近 0 体现了实验数据与期望数据之间的**无偏性**,那么离差平方和较小则体现了实验数据与期望数据之间的**一致性**.这样,基于假说模型(5.7),对于可以重复观察的问题给出下面的通过偶然判断必然的基本原则:

◀这便是误差分析方法.显然,在具体分析之前,我们必须制定一些标准,即判断准则.

对于假设的必然规律,如果观察到的偶然与必然之间不存在无偏性,或者,不存在一致性,则否定假设的必然规律;否则,不能否定假设的必然规律.

可以看到,这个基本原则与否定假说原则是一致

的,只不过更加具体.当然,用来判断假设的数学工具是非常重要的.针对研究问题的不同以及问题背景的不同,我们必须构建类似皮尔逊卡方统计量那样的判断工具,使得判断更加科学,更加符合实际.在这里,我们就不详细讨论了.

> 数学中的定律是对现实生活思维规则高度抽象的结果,因而排除了许多"特别"现象.

现在,我们不能不再一次对演绎推理的三大法则之一排中律提出质疑.回忆排中律的述说:对于命题 A, A 与非 A 必有一个成立.可以看到,我们上面说的通过偶然验证必然的否定假说原则不符合排中律.可以这样分析问题,令命题 A 为:假设的必然规律成立.遵照排中律得到的结论应当是: A 与非 A 必有一个成立,即假设的必然规律要么成立,要么不成立,二者必居其一.但是,否定假说原则得到的最终结论是:否定命题 A,或者不能否定命题 A.显然,不能否定一个命题并不等于肯定了这个命题.比如,我们不能否定某一个人撒谎,并不意味着已经肯定了这个人撒谎,虽然在我们的心底认为这个人撒谎的可能性很大,但依然存在着这个人没有撒谎的可能性.因此,我们说的否定假说原则更加符合人们的日常生活实际,因此是更可信赖的;进而,至少对于结果已知是或然的推理,排中律是值得商榷的.

进一步,我们似乎可以认为,否定假说原则与排中律的差异,恰恰体现了归纳推理与演绎推理的差异.事实上,我们所说的否定假说原则充分体现了人文关怀：如果这个世界都是偶然的，那么这个世界就太混乱了；如果这个世界都是必然的，那么这个世界就太寂寞了．

◀你不这么认为吗？

§5.4　原因与结果：休谟问题

如果说偶然和必然是描述事物发生形态的术语，那么，原因和结果就是描述事物发生联系的术语，前者针对一个事物的发生，后者针对两个以上事物的发生．我们曾经认定，事物发生只有偶然或必然两种形态，与此对应，我们是否可以认定，事物发生都有原因和结果的联系呢？人们普遍认为[①]：

◀为了把问题讨论清楚，应当对所要讨论问题的概念给出相对明晰的界定．

> 任何事物、现象都会发生一定的影响，造成一定的结果；而任何事物、现象的发生也都不是无缘无故的，总有一定的原因．

也就是说[②]：

> 无论在自然界中或社会中，都存在着因果联系，没有一个现象不是由一定的原因引起的．……因果联系是一种必然联系，当原因存在时，结果必然会产生．

---

① 参见：李淮春主编．马克思主义哲学全书［M］．北京：中国人民大学出版社，1996：807．
② 参见：金岳霖著．形式逻辑［M］．北京：人民出版社，2005：227～228．

虽然上面的述说如此肯定,但是我想,问题并不如此简单. 在现实生活中,原因与结果是非常难以界定的,更不要说界定原因与结果之间的必然联系了. 我们在第三辑的绪论中曾经说过,数学是对现实世界的抽象,首先抽象出基本概念,这些基本概念包括数学所要研究的对象概念和对象之间的关系概念. 而数学的本质就是研究对象之间的关系,诸如等价关系、包含关系、大小关系、递推关系、相关关系、相似关系等等. 可以设想,在诸多关系之中人们最早认识的关系很可能就是因果关系,并且最难表达的关系也是因果关系. 在现代社会,随着科学技术的迅猛发展,因果关系的表达问题变得越来越重要,已经成为数学的一个重要研究领域. 在这一节,我们将仔细地讨论这个问题.

> 最原始的思考对象,往往是最重要的,也往往是最难表达的.

中国古代哲学有一个非常明显的特征,那就是承认并且推崇世界万物的变化.《易经》对中国的影响是深远的,其中的"易"就是变化的意思,所以可以把《易经》直译为《变化的道理》. 世间事物的发生林林总总、变幻莫测,其中的奥秘对于古代的先民是百思而不得其解的. 但是,对于农耕收获和战争输赢这样重大的事情,人们总是希望预知未来并且期盼未来,于是求助于上天、求助于神灵和祖先,于是出现了占卜. 大约成书于春秋战国时期的《易经》就是集古代中国千年

> 世界上,任何一个民族的文化,都经历过这样的时代,甚至一直延续到今天.

第五讲 归纳推理的合理性

占卜经验之大成①. 因此,古代先民们主要是靠占卜和天象来预测未来、预测凶吉. 在本质上,这是一种对因果关系的探寻,当然这种探寻的方法过于原始,很难说有什么科学性.

但是,在古代先民的这种探寻中渗透出一种非常宝贵的思想方法,这就是:一件事物是否发生以及发生的程度是可知的. 他们确信,某件事物未来是否发生、发生到什么程度,与某些现在已经存在了的事物有关. 基于这个观点,我们不能简单地借用"迷信"来讥笑古代先民的思考形式,而应当通过"理解"来研究古代先民的思考缘由. 事实上,相传孔子所著的解释《周易》的《系辞》就是极富哲理、博大精深的传世之作,这部著作对中国的影响是深刻的,甚至可以认为是中国传统文化的哲学源头.

◀要继承和发扬中国的传统文化,就应当知道古代先民的思维形式和思维内涵.

如果可以认为:现在已经存在了的事物蕴含了未来发生事物的原因,那么,应当如何来刻画原因呢? 应当如何描述原因和结果之间的关系呢?

我想,关于原因与结果的界定,至少要分两个层次:一个层次是个案的,一个层次是规律的. 一个人被石头绊倒了,显然,这个石头是这个人这一次跌倒的原因. 但是,这样的原因只是个案的,因为我们不可能得出一般的结论:石头是人跌倒的原因. 对于这种个

---

① 人们普遍认为《易经》来源于三个版本:连山,相传伏羲所作;归藏,相传黄帝所作;周易,相传周文王所作,前两个版本已经失传. 参见:十三经注疏·周易正义[M]. 北京:北京大学出版社,2000:9~10.

> 这也是分析问题需要分类的原因. 必然剔除那些不能讨论的情况,否则就会出现悖论.

案的情况,"现象的发生都有原因"这个命题是正确的,但不一定是必然的,因为"石头"这个原因总是存在,相应的"跌倒"这个结果却不常见. 特别是,人都有吃一堑长一智的本能,因此,针对这个原因和这个结果,个案重复的概率是很小的. 我们称这样的因果关系为个案层次的. 同样,我们也不讨论一个台球撞击另一个台球,使得第二个台球运动那样的原因和结果,因为这样的因果关系是非常直接的,虽然休谟曾经用很大篇幅讨论过这个现象. 显然,对于个案层次的因果关系,命题"现象的发生都有原因"的后续命题"当原因存在时,结果必然会产生"是不成立的. 为此,我们只讨论第二个层次的问题,即原因和结果之间存在某种联系,或者说,原因和结果之间存在某种规律.

> 只有把已有的命题分析清楚,才可能清晰地建立新的命题.

下面,我们集中讨论休谟关于因果关系的认识. 休谟对因果关系的思考是深刻的,提出了著名的"休谟问题",这个问题最终导致了不可知论. 因此,认真分析休谟问题对于理解因果关系是很有意义的. 我们在第二辑的最后一节曾经评论:休谟的整个认识论都是基于经验的,他把英国古典经验主义推到极致,进而宣告了英国古典经验主义的终结. 休谟绝对性地强调了因果关系的重要性[①]:

---

① 参见:休谟著. 人类理解研究[M]. 关文运译. 北京:商务印书馆,1997:27;
也参见:北京大学哲学系外国哲学史教研室. 西方哲学原著选读[M]. 北京:商务印书馆,1981:519~528.

第五讲　归纳推理的合理性

一切关于事实的推理,似乎都建立于因果关系上面,只要依照这种关系来作推理,我们便能够超出我们的记忆和感官的见证以外……一个人如果在荒岛上发现一只表或其他的器械,他就会断言这个荒岛曾经有人到过.一切关于事实的推理都是这种性质的.

我们将会看到,休谟的论述是过于武断的.如果不分清上面所述说的原因和结果的两个层次,接下来的推理必然要陷入不可知论的困境,这是因为个案层次上的因果关系发生的概率太小,是不可重复的,进而是不可知的.我想在这里强调的是,关于因果关系规律的研究只能是针对那些发生概率很大的事实的推理,而不是一切事实的一切推理,详细讨论可以参见下一节.

◀对于规律性问题的认识是需要条件的,因此,结论往往都是相对的而不是绝对的.

那么,关于因果关系的推理形式以及推理过程应当是怎样呢?首先,休谟排除了单纯依赖经验的推理,他论述道[①]:

下面的两个命题绝不是一样的:一个命题是"我发现某个特定对象总伴随某个特定结果",另一个命题是"我预知某个相似对象会伴随某个相似结果".

休谟的这个论断无疑是正确的.用 A 和 B 表示两个事件,如果 A 是 B 的原因,那么,A 和 B 之间应当

---

① 参见:休谟著.人类理解研究[M].关文运译.北京:商务印书馆,1997:33.

具备什么关系呢？人们通常会有这样的直觉,如果事件 A 的发生总是伴随着事件 B 的发生,A 就是 B 的原因. 但是,事情并不是那么简单. 在田园农耕时代,每天鸡叫伴随着天亮,于是人们就习惯于鸡叫起床,于是就有了"闻鸡起舞"的成语. 可是,我们能说"鸡叫"是"天明"的原因吗？因此,事件之间的伴随关系是一种不可靠的直觉.

> 可是,人们往往习惯于用形式来代替实质,往往过分地相信眼见为实.

同时,休谟是强调经验的,他自然不会认为因果关系是可以通过演绎推理得到的,于是他斩钉截铁地说[①]:

> 这种关系的知识在任何事例中都不可能先验地推得. …… 对于任何对象,都不可能仅根据它呈现于感官前的各种性质,把产生它的原因揭示出来,或把由它产生出的结果揭示出来. 我们的理性如果不借助经验,则它关于真正存在和实际事情都不能推得什么结论.

如果经验的和先验的方法都不能得到因果关系的知识,那么,我们如何才能认知因果关系呢？休谟认为,人们先是从经验出发,通过归纳推理得到一个关于因果关系的原则,然后从这个已经考察了的原则出发,通过经验认识事物的因果关系. 但是,他进一步

---

① 参见:休谟著.人类理解研究[M].关文运译.北京:商务印书馆,1997:28.

第五讲 归纳推理的合理性

阐述道①：

> 一切关于实际存在的论证都是建立在因果关系上面,这种关系的知识完全是从经验中得来的,一切经验的结论都是从"未来将符合过去"这一假设出发的.因此,如果企图应用一些或然的论证,或关于实际存在的论证来证明这个假设,那分明是在兜圈子,而且把正在争论的事情先已认为当然的了.

这样,休谟就把因果关系置于一个矛盾的境地,进而把归纳推理置于一个矛盾的境地.也正因为如此,休谟自己也就陷入了不可知论.后来人们称这个问题为"休谟问题"或"归纳问题".最后,休谟说出了他的名言：

◀ 由此也可以知道,关于因果关系的讨论是非常困难的,其困难在于,如果论证思维过程本身的合理性.

> 我们这样做,纵然不能增进知识,至少可以明白自己无知.

人们当然不能承认自己是无知的,当然不能承认在这个客观世界中有什么事物是不可知的.事实上,正是这种一往无前、锲而不舍的精神使得人类对客观世界的认识不断深入.正如爱因斯坦所说②：

---

① 参见：休谟著.人类理解研究[M].关文运译.北京：商务印书馆,1997：35.
② 参见：许良英.爱因斯坦文集.第一卷[M].范岱年译.北京：商务印书馆,1976：284.

> 相信世界在本质上是有秩序的和可认识的这一信念,是一切科学工作的基础.这种信念是建筑在宗教感情上的.

▶ 好奇心,然后是兴趣,然后是宗教情结,这是科学研究的基本情感.

显然,任何一个事物如果上升到宗教感情就不需要进行论证了.不仅是爱因斯坦,许多伟大的科学家都有这种宗教感情,这种宗教感情是他们坚持不懈、勇于探索的精神支撑.虽然名利的诱惑也能成为一个人的精神支撑,但那是暂时的功利驱动,与宗教感情是不可比拟的.可是,我们应当如何对待休谟提出的问题呢?可以看到,"休谟问题"的本质是:基于因果关系的不可知进而质疑归纳推理的合理性.这显然涉及我们这本书的核心内容[1],这就迫使我们不能不对因果关系进行深入的讨论,并且对于"休谟问题"给出确切的回答.我想,在具体讨论之前,需要明确三个根本原则.

第一,确切界定原因和结果.为了深入讨论因果关系,必须相对严格地界定出什么是原因,什么是结果.我之所以用"界定"而不用"定义",是因为要确切地给出原因和结果的定义几乎是不可能的.我们还是来追溯休谟的界定,休谟称它为规则[2]:

---

[1] 穆勒说的更为明确:归纳法的主要任务就是弄清自然界中所存在的因果关系.参见:邓生庆,任晓明著.归纳逻辑百年历程[M].北京:中央编译出版社,2006:45.
[2] 参见:休谟著.人性论[M].关文运译.北京:商务印书馆,1997:199~200.

第五讲　归纳推理的合理性

1. 原因和结果必须在空间上和时间上相互接近.

2. 原因必须先于结果.

3. 原因和结果之间必须有一种恒常的结合. 构成因果关系的, 主要是这种性质.

4. 相同的原因永远产生相同的结果, 相同的结果也永远产生于相同的原因. 这个原则是由经验得来的, 并且是哲学推理的根源.

由第四条出发, 休谟又给出了下面的推论:

5. 当若干不同对象产生了同样结果时, 那一定是借助它们的共性.

6. 两个相似对象所产生结果的差异, 必然是由于它们之间差异的原因.

7. 当一个对象随着原因的增加而增加, 这个对象就应当被认为是一个复合结果.

8. 如果一个对象存在了一个时期, 却没有产生任何结果, 那它就不是结果的唯一原因, 还需要其他的能够促使它的作用的某种原则协助.

其中前三条是相当确切的, 但第三条需要表述的更加明确, 我们将在后面讨论. 我想, 其中第四条以及其推论是需要商榷的, 因为第四条构成了"原因"和"结果"之间的一个充分必要关系. 世间的事情是复杂的, 即便是同样的事情其表现形式也是百花齐放的,

◀请读者思考, 为什么是充分必要关系?

我们无法判断是否"永远相同". 比如,一个企业得到发展的原因是因为资金投入,但是,有资金投入就能使得企业发展吗? 反过来,如果有反例证明"资金投入没有使得企业发展",就可以断言"资金投入不是企业发展的原因"吗? 因此,第四条是需要修改的. 穆勒注意到了这个问题,他认为原因和结果之间存在的关系是一种充分关系[①]. 这种对于原因和结果之间关系的认定一直影响到现今,比如,这一节开头引用的金岳霖说的"当原因存在时,结果必然会产生",强调的也是一种充分关系. 事实上,充分关系是难以表达的. 比如,继续讨论资金投入与企业发展之间的关系,因为存在着这样的企业,即使资金投入了也没有得到发展,为了使得这个企业得到发展,可能还需要加强管理,还需要新型产品,甚至还需要发展机遇,等等. 因为个案总是会存在的,于是需要不断地扩充原因,才可能使得这样的原因形成充分条件,然后,才可能实现上面所说的断言:有原因就必然有结果. 可是,这样包罗万象的原因还能称其为原因吗? 进一步,这样包罗万象的原因对人们认识问题、把握规律有什么益处吗? 我想,应当反过来思考问题,即**原因和结果之间存在着的不是充分关系而是必要关系**. 我们来分析这个问题.

首先我想强调的是,在关于原因和结果的讨论中似乎应当更重视原因,这与偶然和必然的讨论截然不

> 这个例子对充分必要关系的反驳是有力的.

> 这是一种根深蒂固的看法,正是这种看法影响人们更加深入地探讨问题.

> 有时,需要我们从不同的角度来思考问题,才可能解脱思考的局限和困境.

---

① 参见:邓生庆,任晓明著. 归纳逻辑百年历程[M]. 北京:中央编译出版社,2006:46.

第五讲 归纳推理的合理性

同.回忆关于偶然和必然的讨论,我们得到的结论是通过偶然认识必然,然后才是通过必然解释偶然,因此,重视的是"得到结果".与此相反,我想,关于原因和结果的讨论是为了"探究原因",因此,研究因果关系的基本路径应当从结果出发去分析原因.或许,这正是古代中国认识论倡导的基本路径,如《墨经·小取》中所说①:

◀中国古代的这种认识问题的思路是明智的.

通过定义明确问题的对象,通过命题表述问题的实质,通过论证得到问题的原因.

下面我们讨论为什么原因与结果之间存在的是必要关系.为了讨论得更加仔细,我们可以认定存在两个层次的必要关系:一个是完全必要关系,一个是相对必要关系.我们先讨论原因和结果之间的**完全必要关系**:没有 A 必然没有 B,那么,A 就可能是 B 的原因.比如,进一步讨论资金投入与企业发展之间的关系,我们知道,没有资金投入企业必然得不到发展,那么,资金投入就是企业发展的原因,虽然企业发展还可能需要其他的一些原因②.基于这样的界定,我们就可以合理地解释鸡鸣与天亮之间的关系:如果没有鸡鸣就必然没有天亮,那么,鸡鸣就可能是天亮的原因.

◀对于许多问题,只有分类讨论才可能讨论清楚.

---

① 原文为:以名举实,以辞抒意,以说出故.
② 有时需要几个因素在一起发挥原因的作用,称之为交互作用,因为篇幅有限我们就不详细讨论了.

否则，鸡鸣就不是天亮的原因．另一个简单的正面例子是阴天与下雨之间的关系：因为晴天必然不会下雨，那么，阴天就是下雨的原因，尽管阴天不一定必然下雨．

> 由此也可以看到，明晰讨论问题中的概念是非常重要的．

这样，我们就摆脱了"相同的原因永远产生相同的结果，相同的结果也永远产生于相同的原因"这个沉重的约束．可以看到，正是这个沉重的约束和"一切关于实际存在的论证都是建立在因果关系上面"这个武断的命题，使得因果关系的研究举步维艰．

现在，我们用符号表示．与以往的符号一致，用 A^c 表示事件 A 不成立，用 $\sim$ 表示必然没有，那么，原因 A 和结果 B 之间的完全必要关系可以表示为

$$A^c \sim B. \qquad (5.12)$$

即没有 A 时 B 必然不成立．

从上面的形式上看，似乎原因和结果必须要通过否定判断的形式才能表达，事实并不是这样，只需要注意到"否定的否定为肯定"这个基本逻辑原理，我们可以把一个正面判断的原因写成 (5.12) 的形式．比如，对于东北地区的农业生产，如果出现早霜就必然会减产，因此早霜应当是减产的原因之一．但是，并不是所有的减产都是因为早霜引起的，如果按照原因是充分关系的原则，我们还必须扩充引起减产的原因，比如，旱灾、水涝、冰雹等等，问题将变得非常复杂．面

> 我们曾经说过，为了给出定义，必须讨论那些可能成为反例的东西．

第五讲 归纳推理的合理性

面俱到的阐述是不可挑剔的,但是,面面俱到的阐述也是没有任何价值的.

那么,如何才能把这个正面判断的形式,转化为(5.12)那样的否定判断的形式,从而认定早霜是减产的原因呢?问题并不复杂,用 A 表示没有早霜,B 表示不减产,那么,命题"有早霜则减产"就可以用等价命题表述为"有早霜则不能不减产",后一个命题可以用符号表示为:$A^c \sim B$. 因此,形式(5.12)也包括正面判断的原因.

◀ 因为减产是一个否命题的术语,因此转化是可能的.

形式(5.12)甚至也能表达个案层次的原因,但需要在结果的表述中加上限定词. 比如,仍然考虑一个人被石头绊倒的问题. 用 A 表示石头,用 B 表示跌倒,显然关系式 $A^c \sim B$ 是不成立的,即命题"没有石头不会跌倒"是不成立的,地滑也可能使人跌倒,因此石头不能构成跌倒的原因. 但是,如果在结果 B 上加上限制词:这个人这次跌倒,那么,关系式 $A^c \sim B$ 就成立了,即命题"没有石头这个人这次不会跌倒"成立,因此,石头是这个人这次跌倒的原因. 通过这个例子的分析也能体会到,对于因果关系的讨论必须分出层次,不能没有章法、混为一谈.

◀ 由此也可以看到,分层思考的必要性.

下面,我们讨论原因和结果之间的相对必要关系. 受休谟推论 6 的启发,我们也可以认为相对必要关系是完全必要关系的推论. 有若干个结果或者若干性质,这些结果或性质之间存在差异,用 B 表示这个差异. 如果根据这个差异可以把与结果或性质有关的

> 也可以称之为差异必要关系,在日常生活中,这类关系是大量存在的.

事物分为两类,其中一类都与 A 有关,另一类都与 A 无关,这样,我们可以定义**相对必要关系**:如果差异是明显的,则 A 是造成这个差异的原因. 显然,没有 A 就必然没有这个差异,即关系式 $A^c \sim B$ 成立. 可以看到,这种形式的必要条件是完全必要关系的特例,因此称其为相对必要关系. 我们将在下面的论述中举例说明具有相对必要关系的事物为何可以成为原因.

我想,上面的讨论对于数学教育是很有意义的. 我们曾经说过,数学论证的理想状态是得到充分必要条件,但是许多情况是不可能的,那么,就退而求其次去寻找必要条件. 在这个意义上,可以认为必要条件是连接两个事物之间的桥梁.

> 确定论证问题的出发点,并不是演绎推理的专利.

第二,归纳推理也需要不论证的出发点. 因为归纳推理是基于经验的,因此这个命题可以引申为:基于经验的推理也需要不论证的出发点. 我们知道,演绎推理从一开始就声明,推理必须从不论证的出发点出发,亚里士多德认为这样的出发点是不证自明,称它为原理、公理或者公设. 我想,如果把归纳也认定为推理的话,那就必须从不论证的出发点出发,否则,追根溯源将没有尽头. 可以看到,休谟没有注意到这一点,于是陷入了逻辑的怪圈,这大概是与他过分地排斥演绎推理,甚至不顾及演绎推理的合理内核有关. 事实上,我们在这一讲的第二节已经涉及一个归纳推理的出发点,这就是穆勒提出的自然齐一性原理,这

第五讲 归纳推理的合理性

个原理强调了一类不确定事件的可重复性。这样,从自然齐一性原理出发,就保证了满足齐一性原理的那类不确定事件是可知的,当然,这里说的可知是在或然意义上的。

现在,我们需要针对如何得到因果关系的知识再给出一个出发点,这个出发点可以借鉴休谟规则中的第三条①:如果在现实世界中,事件 A 与事件 B 之间具有因果关系,那么,事件 A 与事件 B 之间必然有一种联系。尽管不知道这个联系是什么,但我们可以抽象地用符号表示出来:

◀ 未知的东西也可以作为一种存在而存在,可以作为讨论问题的媒介。

$$B = f(A), \qquad (5.13)$$

其中 f 表示未知的联系。

显然,这个未知的联系就是构成因果关系的本质。正如休谟所说:"构成因果关系的,主要是这种性质。"为了使得这个本质得到确立,借助上面的符号表达,我们给出一个原理:如果事件 A 与事件 B 之间存在因果关系,那么,它们之间存在着一种恒定的联系。我们称这个原理为**联系恒定性原理**。就像我们曾经用大量的篇幅讨论过的未知概率、偶然与必然之间关系的未知表达那样,虽然这种恒定存在的联系是完全未知的,却可以成为我们分析问题的基础。

◀ 与自然齐一性原理一起,我们就有了两个原理。

---

① 穆勒曾经给出了普遍因果律的原则,并认为是自然齐一性原则的特例,参见:邓生庆,任晓明著. 归纳逻辑百年历程[M]. 北京:中央编译出版社,2006:56.

第三，构建联系假说，通过事实验证假说. 回忆关于偶然和必然的讨论我们知道，认识未知关系的唯一办法就是先构建一个假说，然后通过事实来验证假说. 现在，我们用 F 表示关于未知联系 f 的联系假说，根据联系恒定性原理，可以把(5.13)式转换为

$$B = F(A) + \varepsilon. \tag{5.14}$$

> 建立模型讨论问题，可以使表达更加简洁、清晰，因而构成了现代科学研究的基础.

我们称上式为**因果关系模型**，其中希腊字母 ε 表示误差. 在这个模型中，误差蕴含着两方面的内容：一方面，如我们在上一节分析的那样，虽然原因和结果之间存在一种恒定联系，但因为一些随机因素的影响，其结果的表现形式却是偶然的，因此引起误差；另一方面，因为联系 f 是完全未知的，因此用联系假说 F 代替 f 也会引起误差.

现在，上式中的 F 是已知的，A 和 B 是可观察的，因此对于(5.14)式是可以判断的. 在具体判断之前，需要重申我们的观点，因为有误差项 ε 的存在，即便联系假说完全是正确的，也不可能得到恰好的结果，因此只能遵从我们曾经讨论过的基本思想：如果联系

> 正像前面论述的那样，这种被审判的原则是认识真理的基本原则.

假说基本正确，那么，结果 B 与假说期望 $F(A)$ 不能相差太大. 同时，我们接受假说仍然依据否定假说原则：如果结果 B 与假说期望 $F(A)$ 相差很大，则否定联系假说；否则，不能否定联系假说. 也就是说，因为

第五讲　归纳推理的合理性

不能否定假说(5.14),所以接受联系假说 F,并且用这个联系假说描述未知联系.

　　需要进一步说明的是,因为我们认定原因只是必要条件,那么,一个结果就可能对应一个以上的原因. 对于可能存在一些原因的情况,通常的做法是:根据实际问题的背景对这些可能的原因进行分类. 然后, 从结果出发针对不同类的原因构建不同的联系假说, 对于不同的联系假说给出不同的判断. 对于这样的问题,我们就不在这里进行详细讨论了.

◀ 在许多情况下,问题是复杂的,有时是一个原因起作用,有时是几个原因同时起作用.

　　有了上述的三个原则,就可以尝试性地讨论如何认知因果关系了. 为了讨论问题的直观,我们仍然借助实际的例子来阐述认知的过程.

　　药物有效性分析. 有 50 位病人服用了药物 A,七天后有 35 位痊愈,这个药是否有效呢? 如果只有这些信息,我们是无法对药物的有效性进行判断的,因为判断一个事物的好坏是需要参照物的. 比如,针对药物有效性的问题,或者与过去的经验进行比较,或者与现在的参照进行比较. 如果我们还知道有 40 位病人没有服药,七天后有 23 位痊愈,那么就可以进行判断了. 现在有两个群体,一个群体与 A 有关,另一个群体与 A 无关. 用 B 表示痊愈,即用 B 表示结果. 显然,如果对于结果 B 两个群体之间存在差异,那么,根据我们上面阐述的相对必要关系,药物 A 就可能是造

◀ 人们常常会忘记,在进行比较时是需要参照物的.

> 这个转换是非常重要的,也是非常现实的.

成这个差异的原因,进而这个药物是有效的.因此,现在的问题可以转换为:判断这两个群体是否存在差异.我们假设

H:对于结果 B,两个群体没有差异.

然后判断这个假设是否成立.

通过计算可以得到,对于服药的群体,病人痊愈率是 $p=\dfrac{35}{50}=0.7$;对于没有服药的群体,病人痊愈率是 $q=\dfrac{23}{40}=0.575$.因为 p 大于 q,是否就可以否定假设 H,进而断言两个群体之间存在差异呢?我想再一次强调:判断的前提是建立一个准则.回想关于偶然和必然之间关系的讨论,我们曾经有效地利用过皮尔逊卡方统计量,现在,依然应用皮尔逊的思想方法.为了讨论问题的方便,构建下面的列联表,把已知的数据填写到表中.

> 在许多情况下,单纯看数据是无法作出任何判断的.

表 5.1　　数据的 2×2 列联表,$n=90$

	治愈(B_1)	未愈(B_2)	总计
服药(A_1)	35	15	50
未服(A_2)	23	17	40
总　计	58	32	$n=90$

其中,总体人数为 $n=50+40=90$;A_1 和 A_2 分别表示服药和没服药这两个群体,其比例分别为

$$P(A_1)=\dfrac{50}{90}, P(A_2)=\dfrac{40}{90};$$

B_1 和 B_2 分别表示痊愈和没痊愈这两个群体，其比例分别为

$$P(B_1) = \frac{58}{90}, P(B_2) = \frac{32}{90}.$$

可以想象，如果假说 H 是正确的，即"痊愈与否"和"服药与否"无关，则服药且痊愈的概率就应当为服药的比例与痊愈的比例之积，因此期望值为

$$E(A_1B_1) = n \cdot P(A_1B_1) = n \cdot P(A_1) \cdot P(B_1) = 90 \cdot \frac{50}{90} \cdot \frac{58}{90} = 32.2.$$

◀ 当两个事件独立时，事件乘积的概率等于事件概率的乘积，这是一个多么美妙的定律．

同样的方法，我们可以计算其他情况的期望值：

$E_1 = 32.2 \quad E_2 = 17.8 \quad E_3 = 25.8 \quad E_4 = 14.2;$

$O_1 = 35 \quad\quad O_2 = 15 \quad\quad O_3 = 23 \quad\quad O_4 = 17.$

这样，我们就可以把假说 H 是正确时的期望值 E 和实际观察到的数据 O 进行比较，仍然利用皮尔逊卡方检验．把上面的数据代入 (5.11) 式可以得到 $X_2 = 1.53$. 根据自由度为 1 的卡方概率分布表，可以得到卡方统计量大于等于这个实验数据的概率为

$$p \equiv P\{X_2 \geqslant 1.53\} = 0.21.$$

我们认为这个概率还是比较大的，因此不能否定假说 H. 根据否定假说原则，我们可以认为：对于结果 B，服药与没服药这两个群体的差异不大，从而认定 A 不是原因，即药物无效．

◀ 这种判断事物的方法符合人们日常生活的思维逻辑．

一个富有启发的事实是，如果我们增加实验的样本，比如让 200 名患者服药，病人痊愈率仍然为 $p = 0.7$，参照组情况不变，我们可以得到下面的表：

表 5.2　　数据的 2×2 列联表, $n=240$

	治愈(B_1)	未愈(B_2)	总　计
服药(A_1)	140	60	200
未服(A_2)	23	17	40
总　计	163	77	$n=240$

通过同样的计算,得到期望数据和实际数据如下.

$E_1=135.8 \quad E_2=64.2 \quad E_3=27.2 \quad E_4=12.8;$

$O_1=140 \quad O_2=60 \quad O_3=23 \quad O_4=17.$

带入(5.13)式得到皮尔逊卡方检验统计量为

$X_2=6.88,$

相应的概率为

$p \equiv P\{X_2 \geqslant 6.88\}=0.009.$

现在的概率很小,说明两个群体之间相差很大,根据小概率事件一次不能发生的原理,我们必须否定假说 H,即否定两个群体没有差异这个假说,并且认为造成这个差异的原因是服药 A,因为不能不认为这个药物是有效的,因此可以认为药物 A 是有效的.

▶ 这就说明,为什么在许多情况下,单纯看数据是无法作出判断的.

同样的痊愈率、同样的计算方法,为什么会得到完全不同的结果呢? 这是因为增加了样本量.观察的次数越多,则结论越可靠,这样的推断结果与我们日常生活的判断准则是吻合的.从这个角度考虑,我们应当再次对皮尔逊卡方检验统计量的效能表示信任.这样,对于两个群体是否存在差异的判断,不仅仅依赖痊愈率 $p=0.7$ 和 $q=0.575$,也依赖于样本的数量.

上面的例子很清晰地说明如何通过两个群体的

第五讲　归纳推理的合理性

差异来判断原因,其中原因 A 是一个必要条件,因为没有药物 A 就不会出现差异.

经济增长原因. 探讨经济增长的原因是一个很复杂的问题,我们只讨论最简单的形式. 考虑某一个地区今年的经济指标 GDP 的产生原因,显然,今年的结果与这个地区去年的 GDP 有关. 我们用 B_t 表示第 t 年的经济指标,B_{t-1} 表示前一年的经济指标,那么,B_t 与 B_{t-1} 有关. 除此之外,如果考虑 A_t 也是这个地区经济发展的原因,比如,这个原因可能是外来资金的投入,或者对外贸易等等,由(5.13)式,可以把这些因素之间的因果关系表示为

◀ 对于这样的一类问题,定性分析是简捷的,但其结论往往是不可靠的.

$$B_t = f(B_{t-1}, A_{t-1}).$$

因为上面的关系式 f 是未知的,为了使得问题可以判断,我们就必须依据过去的经验构建一个联系假说 F. 比如,构建一个线性发展的联系假说,那么 F 就是一个线性函数,因果关系可以表示为

◀ 假说构建了现实与未知之间的桥梁.

$$B_t = bB_{t-1} + aA_{t-1} + \varepsilon_{t-1}.$$

这便是(5.14)的具体表示形式,其中 a 和 b 是未知的参数. 为了讨论问题的方便,我们把上面的式子分解为两种情况,并用符号表示:

用 $E(B_t \mid B_{t-1})$ 表示没有 A_{t-1} 影响的期望,即在上式中令 $a=0$;

用 $E(B_t \mid B_{t-1}, A_{t-1})$ 表示有 A_{t-1} 影响的期望,即在上式中考虑 $a \neq 0$.

> 通常也有最大可能性估计,其原理与前面讨论的是一样的.

我们已经讨论过,利用过去的数据可以估计未知参数.针对上面两种不同情况,分别对参数进行估计,并且用估计值代替模型中的未知参数,这样,我们就可以给出一个类似的否定假说原则:如果两个期望相差不大,则 A 不能成为 B 的原因;否则,不能否定 A 是 B 的原因.对于现在的问题,我们可以用符号表示这个假说,即

$$H: E(B_t \mid B_{t-1}) = E(B_t \mid B_{t-1}, A_{t-1}).$$

显然,如果假设 H 成立则可以断定 A 不是 B 的原因,否则,不能拒绝 A 是 B 的原因.类似地,我们可以针对这个问题,构建皮尔逊卡方检验统计量那样的统计量进行判断.

> 因果关系的研究已经是越来越重要了.

上面的想法最初是英国经济学家格兰杰(Glive Granger,1934~)于 1969 年给出的,在判断差异或者说验证假说 H 的过程中,他构建了一个基于卡方分布的检验统计量,美国经济学家恩格尔(Robert Engle,1942~)进一步发展了格兰杰的方法.后来,人们把这方面的工作称为格兰杰因果关系(Granger Causality).可以看到,这些工作不仅在理论上是非常重要的,并且有着广泛的应用性.这两位学者都获得了 2003 年度的诺贝尔经济学奖.

我曾经用格兰杰的方法研究过中国的经济发展原因,得到下面两个很有启发性的结果[①].我原以为改

[①] 参见:Ning-Zhong Shi and Jian Tao, *Statistical Hypothesis Testing*: *Theory and Methods* [M]. World Scientific,2008.

第五讲 归纳推理的合理性

革开放的政策是中国经济快速发展的直接原因,但计算结果却发现直接原因并不是改革开放的政策而是资金的投入.由此可以想象,一个经济政策对于经济的影响可能是重要的,但往往不是直接的,也就是说,一个经济政策可能引发一些经济行为,而这些经济行为直接影响了经济的发展.在这个意义上,经济政策是经济发展的原因的原因.这种原因的原因往往是有时滞的,是相对长久的;并且,其作用往往是间接的而不是直接的.还有一个富有启发的结果就是"相关关系"的不对称性,对于中国的经济发展而言,与美国的贸易是很重要的,可以构成中国经济发展的原因;而对美国的经济发展而言,与中国的贸易就不能构成经济发展的原因.

◀ 我们也可以看到,经济发展的原因是非常复杂的,因此,只能从必要条件入手研究原因.

通过上面的例子可以看到,我们说的原因是那些获得相应结果必不可少的条件,但是,原因并不一定是结果的充分条件.进一步,如果一个事物是另一个事物的原因,那么,二者之间就应当存在某种必然联系.虽然这个必然联系是未知的,但我们可以利用过去的经验构成假说,利用对假说的验证来推断未知的必然联系.

我想,上面的论述基本回答了"休谟问题".我们可以把**认识因果关系的思路**总结如下:

◀ 认识因果关系是非常复杂的,我在这里只是抛砖引玉.

1. 限定问题的范围,讨论那些原因与结果之间可

能存在规律的情况,认定原因是结果的必要条件;

2. 在限定的范围内,确定讨论问题的出发点:自然齐一性原理和联系恒定性原理;

3. 根据联系恒定性原理,构建因果关系模型,用联系假说替代未知联系;

4. 根据自然齐一性原理,用历史经验验证联系假说;

5. 如果验证的结果不能否定联系假说,则用联系假说描述原因与结果之间的规律.

在上面的思路中,确定讨论问题的出发点是非常重要的,这是避免休谟所说的"兜圈子"的关键.事实上,关于这个问题,我们应当在亚里士多德那里汲取智慧.回忆第三辑中引用过的亚里士多德在论述矛盾律应当作为论证问题的原则时所说的[①]:

有些人由于学养不足认为需要对此加以证明,但是他们不知道哪些应当证明,哪些不应当证明,这正是学养不足的表现.

与此相应的还有▶同一律和排中律,详见第三辑的讨论.

亚里士多德用批评、甚至讥讽的语句确立了"矛盾律"应当成为论证问题的出发点,这个出发点的确立为哲学、为认识论奠定了坚实的基础.因此,我们为

---

① 出于《形而上学》,参见:苗力田主编.亚里士多德全集·Ⅶ[M].北京:中国人民大学出版社,1997:91.

第五讲　归纳推理的合理性

归纳推理确立出发点也是必要的,也是在情理之中的.显然,我们确定的讨论问题的出发点必须来源于日常生活和生产实践经验,必须与人们认识问题的常理不悖.

确定了讨论问题的出发点,另一个重要的步骤就是用联系假说代替未知联系,这个想法与偶然必然的讨论是如出一辙的.我想,这种代替很可能是"唯一"的科学方法.我们通过下面的逻辑步骤来分析这个问题:

◀ 逻辑步骤述说了确立认识因果关系思路的理由.

首先,我们必须认定因果关系可能是存在的,否则,整个讨论将没有意义;

如果两个因素之间存在因果关系,那么,这个关系是未知的,因为我们无法直接与大自然对话;

针对未知的东西就只能凭借猜测,否则,就必然陷入不可知论,这是我们不愿意的;

理性的猜想是可以描述的,即可以构建因果关系模型,用联系假设代替未知联系;

基于因果关系模型、利用已经发生了的事实验证联系假设;

如果不能否定联系假说,就姑且用假说解释因果关系;

基于事实,随时准备修改联系假说.

我想这种认识问题的逻辑思路是清晰的,除此之外,还能创造出其他的认识因果关系的方法吗?我们应当确信,所谓的真理都是相对的,永恒的、放之四海

而皆准的真理是不存在的,除非抱着宗教的情结.这正如爱因斯坦说的①:

可是事实上,"实在"绝不是直接给予我们的.给予我们的只不过是我们的知觉材料;而其中只有那些容许用无歧义的语言来表述的材料才构成科学的原料.从知觉材料到达"实在",到达理智,只有一条途径,那就是有意识的或无意识的理智构造的途径,它完全是自由地和任意地进行的.

……

这些事实可以用一个悖论来表述,那就是,我们知道的实在唯一地是由"幻想"组成的.我们对于那些有关实在的想法表示信赖或相信,仅仅根据如下事实:这些概念和关系同我们的感觉具有"对应"的关系.我们陈述的"真理"的内容就在这里建立起来.在日常生活和科学中都是这样.如果现在在物理学中,我们的概念与感觉的这种对应越来越接近,就没有权利责备这门科学是用幻想来代替实在.只有我们能够指明某一特殊理论的概念不可能以适当的方式与我们的经验相关联的时候,上述那种批评才能站住脚.

其中,爱因斯坦说的"理智构造途径"与我们"用联系假说代替未知联系"是异曲同工的.但是,爱因斯

---

① 出自《关于实在问题的讨论》,这是1950年爱因斯坦写给英国作家塞缪耳(Semuel)的信.参见:爱因斯坦文集·I[M].许良英,范岱年编译.北京:商务印书馆,1976:512~513.

坦完全用直观感觉来判断"幻想"与"真理"之间的区别是不行的,并不是所有人都具有爱因斯坦那种对于物理学的直观.因此,我们说的检验假说的方法还是必要的.

◀ 随着科学技术的不断发展,"定量"的判断已经逐步代替了"定性"的判断.

最后必须指出的是,我们给出的讨论问题的出发点的适用范围是有所限定的,这也就意味着:归纳推理不是万能的.在下一节,我们讨论归纳推理的有限性.

§5.5 归纳推理的有限性

通过上面几节的讨论,我们已经阐释了在一个类中归纳推理的功能以及其思维过程.作为这一讲的结束,我们有必要讨论归纳推理的有限性.这个话题是具有一般意义的,因为在本质上,我们是在讨论理性思维的有限性.

许多人都不能接受"理性思维有限"这样的论断.其中有一部分人得到这个论断是**基于物理学的思考**,相信一切偶然都是由于必然的支撑,相信一切结果都是由于规律的支配,他们不给具有随机性的偶然留有空间,也不认可由于随机原因而产生的结果.比如,拉普拉斯曾经阐述过一段在科学史上著名的论述,表述

◀ 这是关于决定论的著名论述,影响甚广.

在《分析概率论》的第一节中[①]：

> 假如有一位智者在任一给定时间都能洞见所有支配自然界的力和组成自然界的存在物之间的相互位置,假如这位智者的智慧强大到足以对自然界的所有数据进行分析,他就能将宇宙最大的天体和最小的原子的运动统统纳入单一的公式之中.对这样的智者来说,没有什么是不能确定的,未来同过去一样都历历在目.

拉普拉斯为我们描绘了一个确定性的世界,而这种描绘所使用的语言就是数学.拉普拉斯的信心显然来自牛顿的工作,因为牛顿力学非常清晰地解释了宇宙中的引力关系.但在下面的例子中我们将会看到,拉普拉斯的思考过于天真,牛顿力学的解释能力是有限的.

▶ 在过分宏观或者过分微观的世界,经常会遇到类似问题.

测不准原理.测不准原理是量子力学的一个基本原理,是由德国物理学家海森堡(Heisenberg,1901～1976)于1927年提出的.物理学家普遍认为,原子中的质子、中子和电子比较稳定,是构成物质的基本粒子.海森堡试图用他创立的矩阵力学为电子轨道作出

---

① 参见:斯图尔特著.自然之数:数学想象的虚幻实境[M].潘涛译.上海:上海科学技术出版社,2007:91.
也参见:王幼军著.拉普拉斯概率理论的历史研究[M].上海:上海交通大学出版社,2007:44.

第五讲 归纳推理的合理性

数学描述,但实验室的观察结果让他陷入了困境:只能观察到水滴串形成的雾迹,甚至水滴比电子还要大.这个观察结果意味着,要准确地描述电子的轨道是不可能的,因为人们无法同时准确地知道电子的位置和速度.这种想法构成了测不准原理的核心.海森堡在《量子论的物理原理》一文中写道[①]:

> 测不准原理指的是,在用量子论处理各种量的同时数值时,可能存在的当前知识的不确定性.例如,对单独一个位置或者单独一个速度的测量,一个自由电子的速度精确地知道了,那么,其位置则完全不知道.……在很多情况下,严格确定两个变量的同时数值是不可能的,我们只能知道这个准确度有个下限存在.

这样,根据测不准原理,量子力学并不对粒子的一次发生结果进行确切预言,取而代之,量子力学预言一组不同的可能发生结果,并告诉人们每种结果发生的概率.

可以看到,测不准原理完全否定了拉普拉斯上述论断的可能性:如果不能准确地测量物体的现在状态,就更不能准确地预测物体的未来状态.这样,一个确定性的世界就是不存在的,必须允许事物的发展变化具有某些随机性.因此,我们只能大概地,或者说,宏观地描述一个事态的发生,而深入到细节,其发生

◀ 现实世界是在随机中实现平衡,这就像我们已经讨论过的,事物的发生是在偶然中实现必然.

---

① 参见:谢帮同,等编著.世界物理学思想简史[M].大连:大连出版社,1992;339~340.

可能这样,也可能那样. 我想,这个断言也是对我们曾经用较大篇幅讨论过的关于偶然必然以及原因结果的那些结论的最好诠释.

此外,测不准原理还促使我们重新思考现代数学的一个最基本概念,即关于"连续"的概念. 我们知道,没有连续性这个概念现代数学几乎寸步难行,因为一个函数可以求导数的必要条件就是函数的连续性. 人们这样描述函数 $f(x)$ 在一个给定点 a 处的连续性:当变量 x 连续地趋向 a 时,函数值 $f(x)$ 也连续地趋向 $f(a)$. 显然,这里的连续性意味着不间断. 但是,测不准原理告诉我们,这种"连续地趋向"是无法界定的,因为我们想象中的那种"不间断的轨迹"在基本粒子那里无法实现. 为此,我们只能认为,数学的那些关于连续的描述只是一种形式表述,是抽象了的结果,正像我们曾经反复论证的那样,那些抽象了的东西并不是具体的存在.

> 实数的连续性也是如此,虽然数学家严格地证明了实数的连续性,但事实上,这样的连续是不可能的.

还有一部分人不能接受"理性思维有限"这个论断是**基于心理学的思考**. 他们相信思维的力量,认为可以凭借想象,天马行空地驰骋于思维的空间,横无际涯. 但是,想象并不都是基于逻辑的,因而,想象并不一定都是理性的. 理性思维是需要根基的. 为了论述清楚这个话题,我们重新审视穆勒的自然齐一性原理,我们曾经把这个原理作为归纳推理的前提:

第五讲　归纳推理的合理性

自然中存在着平行的情况,曾经发生过的东西,在足够相似的情况下将会再次发生;不仅如此,在同样的情况下将会永远发生.

我们曾经说过,对于上面的原理必须注意两个限制词,一个是"平行的情况",另一个是"相似的情况".这是两种被限制了的情况,限制的目的是为了"曾经发生过的东西将会再次发生",这便是我们通常说的"可重复性".在人们的日常生活和生产实践中,这里说的可重复性表现于观察数据的可重复性和实验结果的可复制性.当然,这里说的可重复性并不是指观察数据完全一样,或者实验结果完全一样,我们必须允许误差的存在.

但是,这两个限制对于人文社会科学是过于苛刻的.在人文社会科学中,有很多问题都是与时间有关,因而也是与历史有关.历史的事件在本质上是不可重复的,因此,在现实生活中就会出现一类不可重复的事情.对于这样的一类问题,"平行的情况"是不存在的:唐朝是中国诗歌发展的鼎盛时期,对于诗歌而言,那是不可重复的时代.此外,人的特性促使人们不断地在历史的事件中吸取经验和教训,即便存在非常"相似的情况","曾经发生过的东西再次发生"的可能性也是不大的:纵观中国几千年的历史,有许多事件的原因都是相似的,可结果却是大相径庭.那么,对于这样一类基于历史的、不可重复的事物,可能存在规

◀人们常常会幻想过去曾经发生过的事情,如果"那样"就好了,但是,幻想只能是幻想,历史是不可重复的.

律吗？如果存在规律，应当如何寻找呢？我们应当承认，对于这样一类问题，我们的理性思维是有限的；对于这样一类问题，有些事物的规律性是可以认知的，有些事物的规律性是不可能认知的.

> 对于历史有规律可循，则意味着可以预测未来.

我们通过两个数学例子来说明这个问题，一个例子是针对结果可能是必然的问题，一个例子是针对结果已知是偶然的问题.

序列延续. 这纯粹是一个数学的问题，因而是一个结果可能是必然的问题. 在这个例子中可以看到，我们对于许多问题的理解是建立在"习惯"之上的，这个习惯使得人们"约定俗成". 可是，如果没有这样的约定俗成，人们的思维又有多大的效能呢？在许多中小学数学教科书中都有这样的习题[①]：按照同样规则延续序列

$$2,4,6,8. \qquad (5.15)$$

对于大多数受过一定数学教育的人来说，马上会想到延续应当是

$$10,12,14,16.$$

这也是教科书希望得到的答案. 我们可以把(5.15)给

[①] 英国科学哲学家柯林斯（H. M. Collins）曾经用这个例子来阐述美国哲学家古德曼（N. Goodman）所提出的"新归纳之谜"，即关于概念与规律预期之间关系的一种看法.
参见：柯林斯著. 改变秩序：科学实践中的复制与归纳[M]. 成素梅，张帆译. 上海：上海科技教育出版社，2007：9～15.

第五讲　归纳推理的合理性

出的序列看做历史数据，那么，这个问题就蕴含着这样的事实：通过历史推演未来. 如果是这样的话，教科书希望的答案是正确的吗？如果是正确的，那么，教科书希望的答案是唯一的吗？我们仔细思考这个问题就会发现，对于所给序列的所谓延续可以产生下面四类情况：

◀ 对于这样的问题，是可以提出质疑的.

Ⅰ　2,4,6,8,10,12,14,16,18,20,22,24,26,…

Ⅱ　2,4,6,8;2,4,6,8;2,4,6,8;2,4,6,8;…

Ⅲ　2,4,6,8;18,20,22,24;34,36,38,40;…

Ⅳ　2,4,6,8;9,10,11,12;3,5,7,9;…

我们之所以称它为四类情况，是因为其中第三种和第四种情况代表的是"类". 第三种情况考虑了跳跃周期，而跳跃幅度的不同可以构造出不同的序列延续，比如，第二种情况就是第三种情况的特例，即跳跃幅度为零. 第四种情况表示了对历史数据的极端不信任，在这种情况下，序列延续形式更是无穷无尽的，因此必须称其为一类情况.

显然，这四类情况都符合"按照同样规则延续"的要求. 分析题目中给出的历史数据，我们能够得到的信息仅仅是：四个数据之间等差，这个信息就是我们定义"同样规则"的唯一依据. 当然，还可以得到"差为2"这样的信息，但这个信息不是本质的.

◀ 在对未来进行推断之前，应当分析已经知道的信息到底是什么.

第四类情况. 这种情况考虑了四个数据之间的等差，但就整体分析而言是杂乱无章的. 可是谁又能否定这种情况存在的可能性呢？1980年左右，法国数学家蒙德尔布罗(Mandelbrot,1924~)在研究分形的过程中发现了"混沌"现象.他研究了一类非常简单的二次函数$f(x)=x^2+c$,其中x是复数,c是复数参数.从某一个初始值x_0开始,以下面的规律准则制造数据序列:$x_{n+1}=f(x_n)$,得到

$$x_0, x_1, x_2, \cdots$$

蒙德尔布罗发现,针对参数c的不同,上面的序列会出现完全不同的现象:对于一定的参数,序列会在复平面的某几个点之间周期振动,类似上面说的第三类情况;对于某些特定的参数,序列将会出现无规则振动,类似上面说的第四类情况.后者便是所谓的混沌.对于**混沌现象**,我们很难通过历史想象出未来的情况.

因此,针对(5.15)这类的问题,归纳推理的推断能力是有限的,不能进行推断的根本原因就在于:历史数据不具有可重复性.数据的不可重复性对于推断至少带来两个困难:一是很难构造"合理"的假设模型;二是很难验证模型.解决这类问题的唯一方法就是人为地对问题的背景增加一些限制.比如,对问题(5.15)的补救措施,就是对于问题本身提出一些假设.

> 由此可以看到,数据可重复观测的重要性,值得庆幸的是,实验数据或者调查数据都是可重复的.

用符号f表示"同样规则".因为现在的数据是与时间有关的,因此f也就与时间有关,为了方便起见,通常称与时间有关的数据序列为**时间序列**,表示为$f(n)$.现在需要重申的是,真实的时间序列$f(n)$是未

第五讲 归纳推理的合理性

知的,我们可能做的工作就是根据历史数据(历史经验)对未知的 $f(n)$ 进行推断. 我们用 $F(n)$ 表示对于 $f(n)$ 的推断.

第一种情况. 因为给出的历史数据之间已经具有等差关系,其中差为 2. 为此,我们可以建立一个假设,把"相同规则"定义为:未来的序列也具有相同的等差关系. 这样,构建假设模型

$$F(0)=0, F(n)=F(n-1)+2,$$

其中 $n=1,2,\cdots$. 回忆(2.1)对于偶数的讨论,我们也可以得到假设模型 $F(n)=2n$. 这样,我们就可以用 $F(n)$ 来推断未知规则 $f(n)$,即得到第一种情况的延续序列. 这样的假设是基于直觉的,也是合乎情理的,因此是约定俗成的,是教科书所希望的答案. 可是,我们能够像讨论偶然必然、原因结果那样,创造出一种方法来验证这个假设模型吗? 对于这样的一类问题,我们是无能为力的. 我们只能说,在给出的"相同规则"的定义下,可以得到这个结果,仅此而已. 事实上,数学中的很多问题都是这样处理的,因此在这个意义上,数学只是在处理一些想象的东西.

◀ 对于不可重复数据,只能依赖人为的假设,而这个假设几乎是不可验证的.

第二种情况. 这是第三类情况的特例. 可以看到,这样的序列延续也是有道理的,其中把"相同规则"定义为:时间序列存在周期. 周期性问题是大量存在的,比如、时钟、一年四季、太阳黑子活动等等. 甚至这个周期会表现在日常生活中,比如,在体育比赛时,拉拉队会一个劲地喊"××加油","××加油",这个呼喊

◀ 可以这样漫无边际地思考问题吗? 可是,谁又能否定这种思考呢?

是周期的,恰是第二种情况的实例.事实上,在人们一天的生活中,吃饭、睡觉的时间也表现出明显的周期性.在周期的定义下,我们可以构建假设模型

$$F(n) = 2 \cdot h(\frac{n}{4})$$

来推断未知的 $f(n)$,其中 $h(\frac{n}{4})$ 表示用 n 除以 4 所得到的余数.比如,$\frac{7}{4}$ 的余数为 3,那么可以得到,$F(7) = 2 \cdot 3 = 6$. 这样的假设完全是基于想象的,可是,谁又能说这种想象是没有道理的呢?既然我们对假设模型的正确与否无法判断,就必须允许人们进行这样"合理"的自由想象.事实上,许多重大的发明创造就是凭借着这样自由的想象,比如,我们在第 1.3 节讨论过的、爱因斯坦对于光速是绝对的假设,凭借的就是这样的想象.

▶ 这种情况似乎是出乎意料的,可仔细思考,又是合乎情理的.

随机游走. 在日常生活和生产实践中,历史数据的出现往往都是随机的.如果不做一定的假设,归纳推理对于这样的一类问题更是无能为力.思考下面的问题.

我们想象一个醉汉在方格纸那样的路径上行走.可以看到,这样的行走特点是:走到每一个交叉点,这个醉汉都有上下左右四个方向可以选择.那么,如何预测这个醉汉的行走路线呢?或者,如何预测这个醉汉最终会走到哪里去呢?下面,我们用符号来表示这

个行走过程. 如果用 x_0 表示这个醉汉的起始点, 用 x_n 表示这个醉汉第 n 步的位置, 如图 5.1 所示, 已知

$$x_0, x_1, \cdots, x_n,$$

我们可能预测 x_{n+1} 在哪个点上吗?

对于这样的问题,我们可以假定醉汉行走的路径符合最简单的时间序列联系模型,通常称这样的模型为随机游走模型(random walk model):

◀ 这个模型最简单,但如果没有任何假设条件,分析又是困难的.

$$x_{n+1} = x_n + \varepsilon_n, \tag{5.16}$$

其中 ε_n 表示时刻 n 的随机误差项,通常认为误差之间是独立的、互不干扰的,均值为 0,方差相等,并称这样的误差项序列 $\{\varepsilon_n\}$ 为白噪声序列,即最为简单的、无任何"意识"支配的干扰序列,就像失去了抑制力的醉汉.

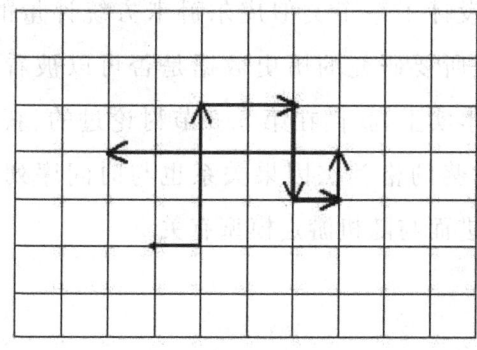

图 5.2 随机游走示意图

如果令 $x_0=0$，那么，对于任何的时刻 $t\geq 1$，由 (5.16) 式可以得到

$$x_t=\varepsilon_1+\cdots+\varepsilon_t.$$

这个结果意味着：时刻 t 醉汉所在的位置，完全是白噪声叠加的结果，对于这样的叠加结果，方差将是时间 t 的增函数。这样，虽然可以利用第 5.1 节和 5.2 节中使用过的方法，得到 x_t 的大概的取值规律，但是，对于预测我们是无能为力的。

在经济学和金融学的研究中，人们发现许多问题都与随机游走模型有关，比如，价格变化序列就与随机游走十分相似[①]。于是，人们就在一些假设前提下，展开了一系列的相关研究，其中最重要的假设前提就是历史数据平稳。构建这个假设的目的，就是希望说明有一类历史数据可以被看做重复得到的，比如，股票价格的周期、经济危机的发生、经济政策对经济发展的影响等等，都可能属于这种情况。利用平稳性假设，人们设计了一个类似皮尔逊卡方统计量的方法，用来验证所要研究的历史数据是否可以被看做重复得到的。事实上，我们在第 5.3 节讨论过的、获得诺贝尔经济学奖的格兰杰因果关系也与时间序列的平稳性有关，进而与随机游走模型有关。

▶ 人们总是希望创造出一些方法，用来处理那些看起来不可处理的问题，而创造方法的前提就是给出合理的假设。

---

① 参见：K. Pearson, *The Problem of the Random Walk* [J]. Nature, with Rayleigh's Answer, 1905:294～324.

第五讲　归纳推理的合理性

上面的例子再次说明,如果失去了事物发生的可重复性,归纳推理则失去了推断的基础.不仅如此,如果失去了事物发生的可重复性,所有基于经验的思考也都将是没有根基的.我想,注意到这一点对于数学教育也是非常重要的,这是因为:数学对象的抽象、数学概念的形成、数学法则的建立、数学定理的描述,无一不是在许许多多的、可以重复的经验中得到的;同时,这些对象、概念、法则、定理的最终确立,无一不是通过经验验证的.更为关键的是,这个事实不仅仅表现于数学,对于其他学科也是类似的,正如爱因斯坦所说[1]:

◀ 由此可以知道,对于一类问题我们是无法认知的,但这并不妨碍科学的研究,因为科学研究的目的是探寻事物发展的规律,而这类事物都符合两个基本原理.

纯粹的逻辑思维不能给我们任何关于经验世界的知识;一切关于实在的知识,都是从经验开始,又终结于经验.用纯粹逻辑方法得到的所有命题,对于实在来说是完全空洞的.由于伽利略看到了这一点,尤其是由于他向科学界谆谆不倦地教导这一点,他才成为近代物理学之父,事实上,也成为整个近代科学之父.

我们可以在上面的论述中得到启发:在数学教学的过程中,过分地强调从符号到符号、从概念到概念、

---

[1] 参见:爱因斯坦文集·第一卷[M].许良英,范岱年编译.北京:商务印书馆,1976:313.

从法则到法则、从定理到定理是不可以的. 我们必须在教学的过程中，**穿插着基于经验背景的描述，以及立足经验背景的验证**；必须在数学教学的过程中，帮助学生积累基于原点思考问题的经验，以及借助直观判断问题的经验.

第六讲 基于两个类的归纳推理

阅读提示

基于两个类的推理在本质上是对一个类中事物的性质进行推理,只是在推理的过程中参照另一个类事物的相关性质.类比是其中的最主要方法.

对数学而言,类比的方法更多地应用于几何学,比如,点的表示与两点间的距离、角的大小与向量的内积、球与球面的表示,都是通过低维空间的情况类比高维空间的情况.

对于结果已知是或然的类比,主要表现于通过特殊的情况类比一般的情况,比如,股票价格的推断、彩票中奖的推断.

能够基于两个类进行推理,说明这两个类的事物必然有相似的性质,这些相似的性质是人们联想的基础.根据这些相似的性质可以把两个类归于一个大类,因此类比推理在本质上还属于归纳推理.但对数学教育而言,相对独立的教学更宜于培养学生的想象能力.

在这一讲,我们将讨论基于两个以上类的归纳推理.为了讨论问题的方便,只讨论两个类的情况.所谓

> 这个思维过程为联想敲开了大门.

基于两个类的推理,本质上还对一个类中事物的性质进行推理,只是在推理的过程中参照另一个类事物的相关性质.显然,如果在推理的过程中两个类之间可以参照,那么,这两个类中的事物必然在某个侧面是非常相似的,确切地说,这两个类中事物的性质必然有某些相似之处.所以,基于两个类的归纳推理的基础在于两个类事物的相似性质;特别是,基于两个类中事物性质的"推断"方式的某种相似.正如在一些书中所定义的①:

观察到两个或两类事物在许多属性上都相同.便推出它们在其他属性上也相同,这就是类比法.

> 确切地把握推理过程的实质,这对数学教学是非常重要的.

类比法正是基于两个类的归纳推理的最主要的方法.在此,我想再次强调的是,上面的述说在一个关键问题上是模糊的:所谓"类比"不是要对两个类中事物的属性进行同时判断,而是参照一个类中事物的已知的属性对另一个类中事物的相似的属性进行判断.这个问题之所以重要,是因为涉及这种推理形式的合理性,我们将在这一讲的最后一节详细讨论这个问题.

与基于一个类的归纳推理一样,基于两个类的归纳推理得到的结论也是或然的,并且,就得到的结论本身而言,也可以分为两种情况:一种情况是结论可

---

① 参见:金岳霖著.形式逻辑[M].北京:人民版社,2005(1979年第一版):224.

第六讲　基于两个类的归纳推理

能是必然的,另一种情况是结论已知是或然的. 我们逐一讨论这些问题.

§6.1　结论可能是必然的类比

在现实生活中,有时候人们的联想是跳跃的,甚至如钱学森所说的,是大跨度跳跃的. 正是因为联想具有这种跳跃性,才使得基于两个类的归纳推理成为可能.

◀ 这种联想遵循的是相似律.

如果用 A 和 B 表示通过原始分类得到的两个类,即两个形式上的分类,那么,跳跃性联想的思维过程大致可以这样描述:已经知道类 A 中的事物具有性质 a,b,c,并且知道类 B 中的事物也具有性质 a,b,c;如果又发现类 A 中的事物具有性质 d,于是跳跃性地联想类 B 中的事物也具有性质 d. 也就是说,我们希望推断类 B 中事物的性质,但参照了类 A 中事物已具有的性质. 比如,乒乓球和网球是两种球类运动,但其中有很多相似之处:都是单人或者双人进行比赛,比赛场地都是用网相隔,并且规定球要直接打到对方的区域. 于是一个人可以从乒乓球比赛中"交换发球"这个比赛规则,跳跃地联想到网球比赛的规则中也可能要"交换发球". 通过乒乓球、网球,人们还可能会联想到羽毛球的比赛. 但很少会联想到篮球和足球,因为缺少那些相似之处.

◀ 人们在对某一类事物作出推断时,总是要参考类似的事物,这便是类比.

显然,随着人们对类中事物认识的深入,联想的内容也会发生变化,甚至可能导致两个类之间的区分准则变得更加精细. 比如,对于外星人的联想. 最初,人们认为地球是宇宙的中心,只有地球上才可能生存着具有生命的东西,这是上天的特殊选择;后来,当人们知道自己生活的地球只是宇宙中无数个星球中的一个时,就联想到其他星球也可能会有生物居住;再后来,人们知道生命存在的必要条件是水和空气,而满足这两个条件的只能是行星,就联想到其他存在水和空气的行星上也会有生物. 在很长的一段时间里,人们猜想与地球非常相似的火星上有水和空气,并且猜想火星上存在生物.

> 虽然随着知识的变化,人们的想象也发生变化,但猜想本身却是永恒的.

这样的联想是凭借经验的,这样的联想得到的结果不一定正确. 但是,这样的联想能够把在一个类中成立的结果引导到其他的类中,因此,这是一种事物性质扩充的思维过程. 就像钱学森认为的那样,这样的思维过程是创新思维的基础. 如果把这种思维过程理性化,应用于对事物的判断和推理,那么,这种思维过程就应当属于归纳推理,人们通常称这样的思维过程为类比. 可以把**结论可能是必然的类比**的思维过程描述如下:

> 这种思维,也是通过经验过的东西推断未曾经验的东西.

A 和 B 两个类事物都具有性质 a,b,c.

在 A 类中结果 d 成立.

/在 B 类中结果 d 成立. \hfill (6.1)

第六讲　基于两个类的归纳推理

我们在第一辑第 12.1 节中详细阐述了开普勒^①(J. Kepler，1571~1630)是如何发现火星运动轨迹是椭圆的故事.开普勒对科学的贡献是巨大的：一方面，开普勒修补了哥白尼(N. Copernicus，1473~1543)日心说的理论；另一方面，开普勒的三大定律为牛顿力学奠定了基础.M. 克莱因在《数学与知识的探求》中是这样描述开普勒^②的："这个德国人将奇妙的想象力、洋溢的热情与在获取观测资料时无穷的耐心以及对事实细节的极度服从结合起来."我们曾经说过，开普勒重视权威的理论，但他更重视对现象的观察结果，他的一切结果都是以事实为准绳的，他的这些做法为现代物理学的确立奠定了一个良好的基础.开普勒非常重视类比，他在《折光的测量》一书的第四节《论圆锥截面》中说道^③：

◀ 在第一辑，首先详细地述说了开普勒是如何重视观测的结果.

其实，我们应当运用几何的类比方法.我珍视类比胜于任何别的东西，我这最可信赖的老师能揭示自然的所有奥秘.它在几何学中更应当得到重视，因为即使对于极不合逻辑的述说，类比方法仍然能够沟通

◀ 这是开普勒的经验之谈.

---

① 开普勒(Johannes Kepler, 1571~1630)，德国天文学家，行星运动定律的创立者.开普勒对天文学的贡献几乎可以和哥白尼相媲美.开普勒的成就甚至给人留下了更深刻的印象，他更富于创新精神.
② 参见：M. 克莱因著. 数学与知识的探求[M]. 刘志勇译. 上海：复旦大学出版社，2007：78.
③ 原书已经失传，后由阿拉伯文翻译为拉丁文，参见：Johannes Kepler: Gesammelte Werke, Vol. II, trans. E. Knobloch, rev. G. Shrimpton, Munich：C. H. Beck, 1604/1939：92. 这段译文是东北师范大学历史系张志强教授给出的.
英语翻译可以参见：Jan Zwicky, *Mathematical Analogy and Metaphorical Insight*, *The Mathematical Intelligencer*[M], Springer Science+Business Media, Inc., 2006：4~9.

两个极端情况中间的诸多情况,将事物的本质明晰地呈现在眼前.

开普勒说得非常正确,比如,在日常生活和生产实践中,人们遇到的物体形状都是三维的,只是为了表述的方便,或者研究问题的方便,才把三维的物体形状进行抽象,表现在二维平面上.反过来,人们又用二维平面上的研究成果推断三维物体的性质.特别是,现代几何学更关注多维空间的情况,而多维空间只能凭借想象,因为我们根本没有多维空间的经验.而想象的基础就是三维空间,想象的方法就是类比.我们来分析几个数学上的例子.

> 许多人认为多维空间是客观存在,事实上,人是无法真正地经历几何意义的多维空间.

点的表示与两点间距离. 回顾人们是如何认识和表述一般空间的点以及两点间的距离. 对于一维空间,认定两个点 x 和 y 在一条直线段上. 如果用数轴来刻画这两个点,分别表示为: $x=x_1$ 和 $y=y_1$. 显然,这两点间的距离恰是这两个坐标差的绝对值. 为了方便起见,等价地定义为

> 我们已经说过,关于点,只能符号表示而无法实质定义.

$$d(x,y)=\sqrt{(y_1-x_1)^2}.$$

对于二维空间,认定两个点 x 和 y 在一个平面上. 如果用平面直角坐标系表示这两个点,那么推广一维空间的表示方法,分别表示为: $x=(x_1,x_2)$ 和 $y=(y_1,y_2)$. 进一步,类比一维空间的情况,再根据勾股定理,就可以定义两点间的距离为

第六讲 基于两个类的归纳推理

$$d(x,y)=\sqrt{(y_1-x_1)^2+(y_2-x_2)^2}.$$

根据同样的思路,对于三维空间以及一般的 n 维空间,我们认定 x 和 y 是这个空间上的两个点,可以构建相应的直角坐标系,类似地把两个点分别表示为:$x=(x_1,\cdots,x_n)$ 和 $y=(y_1,\cdots,y_n)$. 这种表示完全是形式化的,因为我们根本无法看到 $n>3$ 时 n 维空间的情况. 这种形式化的表示凭借的是基于模仿的想象,思维方法就是类比. 同样,通过类比可以定义两点间的距离为:

◀ 在这种情况下,我们必须反复使用"类似"这个词.

$$d(x,y)=\sqrt{(y_1-x_1)^2+\cdots+(y_n-x_n)^2}. \quad (6.2)$$

虽然这种形式化的定义凭借的是想象,凭借的是类比,但有了这个定义之后,我们就可以一般性地讨论那个看不见、摸不到的 n 维空间中的许多几何问题了. 比如,讨论 n 维空间的球以及球面的性质,讨论 n 维空间的子空间以及 n 维空间向量在子空间上的投影性质,等等. 当然,对于数学来说,这种单凭直觉得到的定义还是不确切的,是无法满足数学严谨性的要求的. 为了严谨性的需要,我们还必须更加规范最为基本的概念,甚至要重新审视讨论问题的程序. 比如,需要首先明确"距离"的含义是什么,然后再验证由(6.2)给出的算式是否满足距离的要求,这便是通过演绎推理确认定义的过程.

◀ 有趣的事实是,凭借对多维空间几何性质的深入思考,有经验的数学家似乎建立了关于多维空间的"直观".

在现代数学中,"距离"被定义为[①]:一个集合上的二值函数,满足自反性、对称性、三角不等式和唯一性这四个条件. 虽然这个定义是非常严谨的,可惜的是,在这个定义中,已经根本看不到上述我们叙述的利用"类比"进行联想、进行创造的影子了. 为此,我想再次强调:在数学教学中要让学生体验上面的思维过程. 在这个过程中,让学生明白什么是创造,以及如何去创造;在这个过程中,帮助学生积累数学思维的经验. 我确信,即便数学家把关于距离的思考上升到理念的那个时刻,他们的头脑中思维的基础依然是(6.2)那样的算式,甚至在他们的头脑中会有一个**最基本的判断原则**:最终给出的定义必须适用于(6.2)的情况. 如果把这个创造过程比做肖像绘画,那么,模特就是(6.2)式. 因此,在数学教学中,我们可以建立这样的信心:**数学概念的确立是为了研究问题的需要,一个新的数学概念必须适用于最为平凡的情况**,比如,关于距离的定义就必须适用于(6.2)式. 否则,我们就要怀疑这个概念本身是否有意义.

▶ 更重要的是,利用归纳推理来教授演绎推理.

▶ 这个最基本的判断原则是实现数学抽象的核心.

▶ 不用量角器,不移动角的位置,如何比较角的大小呢?

角的大小与向量的内积. 角是由两条直线段相交形成的,人们通常称这两条直线段为角的两个边. 有趣的是,人们在测量一个角的大小时,实质上是在测量这两条边之间的某种距离. 因此,如果要刻画一个角的大小,自然会联想到利用两条边之间的某种距

---

① 详细的讨论参见:本书第一辑第 5.3 节.

第六讲 基于两个类的归纳推理

离. 可是, 如何对于两条相交的直线段定义距离呢? 进一步, 如何表述角与这个距离之间的关系呢? 为了说明这个问题, 我们首先需要定义直线段的长度, 或者说, 定义向量的长度.

为了研究的方便, 在数学中, 我们约定向量始点都是直角坐标系的原点. 这样, 很容易判断: 一个向量的长度恰是这个向量的端点到坐标原点的距离. 令 x 是一个 n 维向量, 那么, 由 (6.2) 式出发可以得到向量 x 的长度为

$$\|x\| = d(x,0) = \sqrt{x_1^2 + \cdots + x_n^2}.$$

其中 $d(x,0)$ 表示的就是向量 x 的端点到坐标原点的距离.

◀ 虽然这个约定不是本质的, 但这个约定是非常方便的.

现在, 就可以借助线段的长度来表示角度的大小了. 如图 6.1(a) 所示, 令 θ 是两个长度为 1 的向量形成的角, 那么, 角度 θ 的最自然的度量方法是: 测量这两个向量端点之间的距离. 显然, 距离越大的对应的角就越大. 于是, 可以用这个距离表示角的大小. 但是, 这样的表示方法非常不方便, 因为这样的表示紧紧依赖度量向量长度的量纲, 比如同样的角度, 边长是 1 厘米与边长是 1 分米得到的结果却完全不同. 我们曾经说过, 去掉量纲影响的最好办法就是利用比值. 事实上, 这个比值就是一种**几何不变量**, 我们知道, 现代几何学的核心话题之一就是对各种不变量的研究. 那么, 针对角度大小的度量问题, 如何构造这样的比值呢? 或者说, 如何寻找这样的几何不变量呢?

◀ 什么样的向量长度才能与角的大小发生关系呢?

> 由此可以看到，正切是三角函数的本质特征．

我们在第二辑第 1.3 节谈到，在公元前 2000 年左右，古巴比伦人就发现，对于任何大小的直角三角形，等角对应的直角边之比总是一个常数．可以看到，直角边之比恰恰能够去掉量纲的影响，因此是几何不变量．根据这个思想，古巴比伦人很早就制作出了正切表①．下面，我们把这种思想方法推广到任何角的情况．

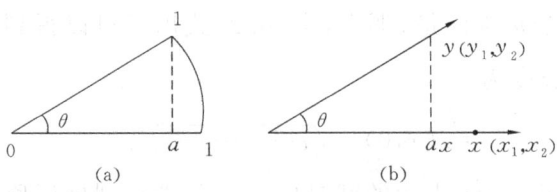

图 6.1　角度与投影之间的关系

> 在一个三角形中，正切和余弦是可以互相转换的．

如图 6.1(a) 所示，从一个向量向另一个向量作垂线交于 a．显然，由起点 0 到端点 a 构成一个向量，称其为投影向量；这个向量的长度为 a，称其为投影，这是个数量．这样，我们就得到斜边长为 1、一个直角边长为 a 的直角三角形．基于古巴比伦人的思考，直角边长与斜边长之比也是关于角 θ 的一个不变量，称这个不变量为余弦，表示为 $\cos\theta$．因为角度与余弦是一一对应关系，因此，也称其为余弦函数．现在直角三角形的斜边长为 1，因此

$$\cos\theta = a, \theta = \arccos a,$$

上式的后者表示的是余弦函数的反函数，意味着角度

---

① 参见：梁宗巨著．世界数学通史[M]．沈阳：辽宁教育出版社，2001：203～207．

第六讲 基于两个类的归纳推理

大小由边长之比唯一确定. 现在, 我们如何把这种认定方法推广到一般的情况呢? 这就需要类比的方法.

先考虑二维空间的情况. 认定角 θ 是由两个向量 $x=(x_1, x_2)$ 和 $y=(y_1, y_2)$ 相交而成. 与上面的讨论对应, 假定向量 y 的长度为 1, 求 y 在 x 上的投影向量. 很显然, 这个投影向量可以表示为 ax, 其中 a 是一个待定系数, 如图 6.1(b) 所示. 因为投影向量是作垂线得到的, 因此, 求 y 在 x 上的投影向量等价于求使得下面的式子:

$$\|y-ax\|^2 = (y_1-ax_1)^2 + (y_2-ax_2)^2$$

达到最小的系数 a. 上式对 a 求导并令导函数为 0, 则所求的系数 a 是下面方程:

$$(y_1-ax_1)x_1 + (y_2-ax_2)x_2 = 0$$

的解. 容易解得到 $a = \dfrac{x_1 y_1 + x_2 y_2}{x_1^2 + x_2^2}$, 而这个系数正是角度的余弦. 为了把这个式子表达得更加清晰, 我们引入内积的定义. 内积虽然是一个形式上的表达, 但有着深刻的含义. 定义两个向量 x 和 y 的内积为:

$$(x, y) = x_1 y_1 + x_2 y_2. \tag{6.3}$$

◀ 创造合适的符号, 可以更加简洁明了地表述问题.

比较向量长度的定义, 容易知道

$$\|x\|^2 = (x, x)^2,$$

即向量的长度是向量内积的特例. 为此, 内积的表示具有一般性, 是定义向量长度、向量投影以及两个向量之间距离的基础. 这样, 所求的系数 a 就可以利用

内积表示为

$$a = \frac{(x,x)}{\|x\|^2}.$$

因为对于任意非 0 向量 z,向量 $\frac{z}{\|z\|}$ 的长度都为 1. 现在,我们把向量 x 和 y 分别用 $\frac{x}{\|x\|}$ 和 $\frac{y}{\|y\|}$ 代替,则在二维空间中可以把系数 a,即角度的余弦表示为

$$\cos\theta = \frac{(x,y)}{\|x\| \cdot \|y\|}.$$

可以看到,上式清晰地表达了二维空间中角度与直线段长度之间的关系.

> 因为余弦函数是反函数,就可以通过上式分析角度与内积之间的关系,这对建立几何直观是重要的.

很容易通过类比,把上面的方法推广到任意的 n 维空间,因为只需要把 (6.3) 所表示的内积推广到一般的 n 维空间就可以了. 对 n 维空间上的向量 x 和 y,定义内积为

$$(x,y) = x_1 y_1 + \cdots + x_n y_n.$$

在上面的分析过程中,我们使用了一种非常典型的类比方法. 虽然我们并不能"看到"一般 n 维空间的夹角,但可以通过类比"想象"出夹角,并且可以通过类比"定义"出夹角,甚至可以通过类比"推理"出夹角与两个向量之间的关系. 实践证明,只要这种定义以及建立在这种定义之上的推理在逻辑上是可以被人们普遍接受的,那么这些东西就可以成为数学研究的对象和出发点. 在这个意义上,我们可以认为,**数学是一种发明,依赖的原型是现实,依赖的方法是抽象,依赖的思想是归纳**.

第六讲 基于两个类的归纳推理

球与球的表面. 在二维平面上,一个圆是指由那些到一个定点距离相等的点构成的集合. 如果建立直角坐标系,令给定的点为坐标原点 O,距离为 r,那么,圆上的点 x 满足方程

$$\|x\|^2 = x_1^2 + x_2^2 = r^2.$$

虽然我们是在二维空间讨论问题,但这些圆上的点构成的空间是一维的,因为这时只有一个变量是自由的,也就是说,如果一个坐标变量 x_1 在区间 $[0, r]$ 中选定之后,另一个坐标变量就已经确定了,这个坐标变量必须为 $x_2 = \pm\sqrt{r^2 - x_1^2}$. 同样的道理,可以知道三维空间的球面是二维的. 类比二维空间和三维空间的情况,我们把 n 维空间半径为 r 的球的球面定义为

$$\|x\|^2 = x_1^2 + \cdots + x_n^2 = r^2,$$

并且推断,n 维空间中球的球面是 $n-1$ 维的.

◀ 可以如此想象出多维空间的球和球面! 可见,对于有些问题,想象与定义是相辅相成的.

回顾我们在第二辑第 9.3 节曾经讨论过的庞加莱猜想. 在三维空间中,二维的闭曲面不仅有球面,还有很多其他形式,比如图 6.2(a) 所示的圆环面.

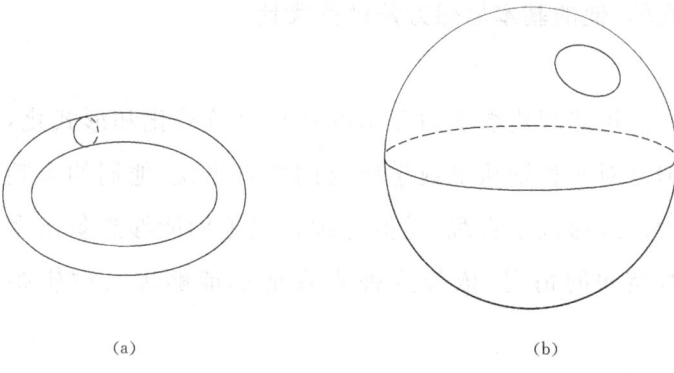

(a)   (b)

图 6.2 庞加莱猜想的基本图形

庞加莱(1854～1912)

法国数学家庞加莱[①](H. Poincaré,1854～1912)发现,球面上任意的闭曲线都可以不离开球面地逐渐收缩为一个点,参见图 6.2(b),但这个性质对类似圆环面那样的闭曲面就不成立了.人们称具有这样的性质的闭曲面为单连通.庞加莱猜想,这个性质对于三维的闭曲面也是成立的,即三维单连通闭流形必然与三维球面同胚.庞加莱于 1904 年提出这个猜想,后来,他又把这个猜想推广到任意 n 维的闭曲面.一百多年来,许多拓扑学家深入地研究了这个问题,直到 2003 年,才由俄罗斯数学家佩雷尔曼(G. Perelman,1966～)最终完成了这个命题的证明.因此,人们改称庞加莱猜想为庞加莱定理.我们知道,对于庞加莱定理的证明,极大地推动了现代拓扑学的发展,引发出一些新的、很有意义的拓扑学分支.

从上面阐述可以再一次看到,数学重要命题的形成依赖的是归纳推理,也就是说,**数学的重要结论是"看"出来的,而不是"证"出来的**.庞加莱的想象是丰富的,他的基本思想方法就是类比.

虽然现代数学的证明的特点是符号化和形式化,但是对于长期从事数学研究的学者来说,他们的头脑中已经形成了直观,凭借这种直观他们能够想象出多维空间的情况,依赖这种直观他们能够进行逻辑推

---

① 庞加莱(Henri Poincaré,1854～1912),法国数学家,现代拓扑学的奠基人.1904 年提出著名的庞加莱猜想,历时一百年才得到完整的证明.

理.事实上,这种直观是"只能意会,不能言传"的,这种直观不是"教育"出来的.这种直观的建立依赖借助归纳的想象和假设,依赖借助归纳的抽象和演绎,因此,这种直观的建立依赖基于思考的经验.所以,在数学的教学过程中,有意识地帮助学生积累数学思考的经验是非常重要的.同时我们应当看到,这种经验积累的效果是不可能"立竿见影"的,需要培养学生养成一个有效的思考习惯.教师应当相信,任何一个有作为的人都是逐渐聪明起来的.

◀ 可以把这个目标理解为数学学科内部的素质.因此,这样的教育就是针对数学的素质教育.

§6.2 结论已知是或然的类比

在日常生活和生产实际中,人们在做一件事情之前,往往希望先在小范围内作一些尝试,从中判断利弊,汲取经验,然后再考虑在较大的大范围内推广.或者,人们在准备做一件事情的时候,往往考察一下其他人或者其他地方是否做过类似的事情,然后再决定自己是否做,如何做.可以看到,这样的思考问题的方法至少存在两个层次的不确定性.首先,在此地事物的发生是不确定的,也就是说,在此地发现了的某个"发生"本身就是不确定的,因为我们无法保证某个"发生"在此地还会再度发生;其次,此地与彼地的情况必然有所不同,即便在"此地"发生也不能保证在"彼地"必然发生.虽然如此,人们依然广泛使用这种

◀ 这不仅是做事慎重的表现,而且是做事理性的表现.

> 这似乎是一种非数学的思考方法，但是这种思考方法是现实的，是实用的.

思考方法，因为他们确信此地与彼地是"类同"的，事物的发生是"八九不离十"的. 这种凭借经验，由这一类事物可能发生推断另一类事物也可能发生的思想方法就是结果已知是或然的类比.

这种思维过程大致可以这样描述：对于 A 和 B 两个类，B 类中的事物与 A 类中的事物有一些共性，如果发现 A 类中的事物有较大的可能得到某种结果，于是推测 B 类中的事物也有较大的可能得到类似的结果. 比如，在夏日里，人们看到阴天就预测可能要下雨，如果阴的很重并且伴有凉风，人们就预测这场雨可能会很大，于是就忙着寻找避雨的场所. 人们之所以这样判断，是因为人们曾经经历过类似的过程. 再比如，一位对班级学生充分了解的有经验的教师，他在设计考试题的时候就可以预测学生考试的大概结

> 这种预测对教学评价是至关重要的，因此，每一位老师都应当积累这方面的教学经验.

果，并且凭借这样的预测来调整考试的难易程度. 教师这样预测显然是用了我们上面说的类比的方法，而能够进行类比的基础就是对学生以往学习情况的了解. 人们购买彩票也是这样，如果一个销售点售出的彩票中了大奖，于是人们认为这个销售点还可能出大奖，这个销售点就很可能红火起来. 事实上，如果是完全凭借随机的话，一个销售点持续出现大奖的概率反而更小，但人们宁可相信已经发生过的那些东西仍然会发生. 这是一种思维习惯，这种思维习惯也属于类比，因为人们普遍认为发生过的总比没有发生的更可信一些. 那么，上述这些思维方法是不是有道理的呢？

第六讲 基于两个类的归纳推理

为了研究问题的方便,我们有必要对上面的思维方法本身进行描述. 我想,可以把上面的思维过程归纳为下面的模式:

A 和 B 两个类事物都具有性质 a, b, c.

在 A 类中结果 d 发生过.

/在 B 类中结果 d 可能会以同样的可能性发生.

(6.4)

我们把这种思维模式称为:**结果已知是或然的类比**. 事实上,这种思维模式正是我们通常说的调查研究,由过去发生过的事物来推断将来可能发生的事物,或者,由别处发生的事物来推断这里可能发生的事物. 这种思维模式被广泛地应用于具有规律性的日常生活和具有规范性的生产实践中. 下面,我们分析几个具体的例子.

◀ 对于这样的问题,可重复性仍然是必要的;否则,我们的推断将失去根基.

股票价格的推断. 发行股票是吸引社会资金的有效方法. 一般来说,对于需要资金的企业,可以采取两种方法筹措资金:一种方法是银行贷款,一种方法是发行股票. 采用后一种方法往往比前一种方法更加稳妥,因为后一种方法吸引了更多的股东参与企业的发展,虽然要利益均摊,但也分散了风险. 对应于筹措资金的两种方式,社会上的闲散资金也有两种使用方法:一种方法是银行储蓄,一种方法是风险投资. 采用

> 要获取大的回报，就应当承担大的风险，这便是市场经济最基本的法则.

后一种方法往往比前一种方法回报会更大一些，但要承担相应的风险. 在各种风险投资的项目中，最为简捷的方法就是购买股票. 根据这种需求，股份有限公司和股票交易市场就应运而生. 世界上第一个股份有限公司是荷兰的东印度公司，成立于 1602 年. 世界上第一个证券交易所成立于 1773 年，是在伦敦的约那森咖啡馆，这是伦敦证券交易所的前身.

股票交易市场是一种金融服务机构，在金融的交易过程中收取回报. 为了便于投资者更好地把握自己的投资取向，了解自己的投资效果，金融服务机构编制出股票价格指数，即**股票指数**，用以描述股票价格的变动情况，向社会公布. 在当今社会，股票价格的变动不仅受到广大股民的关注，而且是预测经济发展的重要参考指标，甚至会很大程度地影响经济自身的发展[①].

> 在错综复杂的数据中，选取简单明了的代表数是非常重要的.

可是，各类股票繁多，其价格变幻莫测，如何才能给出简单明了而又相对客观的股票指数呢？这就需要采用类比的方法，即选出一些有代表性的企业，用这些企业的股票变化来代替整个股票交易市场的价格变化. 虽然这个代替不是非常准确的，但这个代替能够提供大量的信息，提供给决策者进行参考. 我们借助著名的道·琼斯指数的形成过程来分析这个问题.

道·琼斯指数是美国的股票价格指数，是道·琼

---

① 从 2008 年开始的世界性经济危机，最初表现于金融市场的交易，股票价格狂跌，使得投资者失去信心，然后才逐渐波及到各种制造业的发展.

第六讲 基于两个类的归纳推理

斯公司的创始人查理斯·道(Charls Dow,1851~1902)于 1884 年开始编制的,是世界上历史最为悠久的股票指数.道·琼斯指数在本质上是计算部分有代表性的上市企业的股票价格平均数[①],最初选用的是 11 种运输企业的股票;1897 年起选用了 20 种工业和运输企业的股票;以后,代表性股票逐渐扩大到 65 种,延续至今.很显然,道·琼斯指数的编制思想就是类比,即用一部分有代表性的企业股票来类比整个股票交易市场的股票情况.道·琼斯指数计算股票价格的平均数方法是这样的,如果选定了 n 种企业的股票,那么,交易当天的收盘价格就是:

$$股票指数 = \frac{n \text{ 种股票价格之和}}{n}.$$

比如,选定了 A,B,C 三种企业的股票,收盘时一股的价格分别为 $20,25,30$,那么,

$$股票指数 = \frac{20+25+30}{3} = \frac{75}{3} = 25.$$

但是,这样的计算平均数的方法不利于进行动态比较:如果选定的股票出现配股、拆股或者增发等情况,采用这种平均数的方法就不合适了.比如,接续讨论上面所说的三种股票,C 企业为了吸纳大股东,决定把 1 股拆为 4 股,拆股后当天的收盘价格为 9.应当如何分析呢?如果按照上述的平均数方法,得到的结果是

---

① 参见:道琼斯官方网站:www.djindexes.com.

$$\frac{20+25+9}{3}=\frac{54}{3}=18.$$

可以看到,这个股票平均数比拆股前价格低了. 可是,这个"低"是由于拆股引起的,而不是因为股民投资的原因引发的. 很明显,如果不拆股的话,C 股的价格应当是 $9\times 4=36$,这时的股票平均数应当是 $\frac{20+25+36}{3}=\frac{81}{3}=27$. 应当如何表达这个结果呢?可以采取下面的修正除数的方法. 令修正除数为

> 在日常生活中,许多指标的确定也是需要认识思考的.

$$m=\frac{\text{变动后的股票价格之和}}{\text{变动前的平均价格}},$$

则

$$\text{股票指数}=\frac{\text{变动后的股票价格之和}}{m}. \qquad (6.5)$$

继续考虑上面说的三个代表企业股票价格的例子,这时的修正除数和股票指数分别为

$$m=\frac{1}{27}(20+25+9)=\frac{54}{27};$$

$$\text{股票指数}=\frac{1}{m}(20+25+9)$$
$$=27.$$

这样计算的股票指数就排除了股票形式变化带来的影响. 现在的道·琼斯指数是以 1928 年 10 月 1 日为基期,基期指数为 100,并且采用了 (6.5) 所示的修正除数的方法. 每当配股、拆股或者增发等超过原股份

第六讲 基于两个类的归纳推理

的 10% 以上时,就要对修正除数进行相应的调整[①].

可以看到,上述股票指数确立的思维方法就是类比:通过一部分有代表性的企业股票价格的变动情况来"类比"整个股票市场价格的变动.这样的类比不仅简单易行,而且能够相对地排除一些小股价格变动的干扰,具有相对的稳定性,因而具有可比性.

彩票中奖推断. 彩票获奖的形式是五花八门的,这是为了吸引更多的彩民.事实上,无论彩票的获奖形式如何,都要事先确定获奖的可能性.如果认定获奖的可能性是千分之一,那么,是不是买 1000 张彩票就必然获奖呢? 事实并不是那么简单,这与彩票的发行数量有关.如果只发行 1000 张彩票,那么,买 1000 张等于全部收购,当然会获奖.但在一般的情况下,我们认为彩票会发行很多,远远大于 1000 张,那么,买 1000 张彩票就可能出现:不中奖、中 1 张奖、中 2 张奖等各种情况.因为对于每张彩票,都可能出现中奖和不中奖这两种情况,则 1000 张彩票中有 k 张中奖的概率 P 就可以由 (5.1) 式得到,其中 $k=0,1,2,\cdots$ 和 $p=\dfrac{1}{1000}$. 具体计算可以得到

◀ 当人们在决定购买彩票之前,应当正确理解获奖可能性的含义.

$k=$	0	1	2	3
$P=$	0.37	0.38	0.18	0.06.

---

① 参见:张宣庆,等编.证券投资学简明教程[M].北京:中国人民大学出版社,2009:89~98.

> 这个结果可能是出乎人们意料的,这个结果是在假定发行彩票无限多的前提下得到的.

可以看到,买 1000 张彩票,不中奖的概率依然有 37‰,但中奖 1 张以上的概率为 1－37‰＝63‰,其中恰好中奖 1 张的概率为 38‰.

这样,我们虽然不可能事先知道最终中奖的情况,但可以借助上面的分析结果,通过"类比"来预测最终中奖的可能性,从而对如何购买彩票进行判断. 当然,在许多情况下,彩票发行者是不会透露中奖概率的,这样就需要我们通过上面的算式来进行估计,比如,采用第 5.1 节所介绍的最大可能性方法进行估计. 这种通过调查实际中奖的情况来估计中奖概率的方法显然是一种归纳的方法,并且是通过部分中奖的概率来"类比"全体中奖的概率.

§6.3 基于两个类推理的可能性

上面两节讨论了基于两个类的归纳推理. 从推理形式上看,基于两个类的归纳推理与基于一个类的归纳推理是有所不同的,亚里士多德非常强调这个不同.

亚里士多德在《前分析篇》中谈到这样的例子[①]:用 A 表示性质"坏";用 B 表示行为"对邻国开战";用

---

① 参见:亚里士多德 69a. 中译文参见:苗力田主编. 亚里士多德全集·Ⅰ[M]. 北京:中国人民大学出版社,1990:235～236.

第六讲 基于两个类的归纳推理

C 表示事件"雅典攻打底比斯";用 D 表示"底比斯攻打富奥克斯". 为了论证"雅典攻打底比斯"是"坏"的, 即论证 $C \to A$, 可以采取这样的论证方法:

◀ 这里的符号表示是后人给出的,完全是为了论证问题的方便.

"底比斯攻打富奥克斯"是"对邻国开战",即 $D \to B$.

"雅典攻打底比斯"是"对邻国开战",即 $C \to B$.

"底比斯攻打富奥克斯"是"坏"的,即 $D \to A$.

/ "对邻国开战"是"坏"的,即 $B \to A$.

// "雅典攻打底比斯"是"坏"的,即 $C \to A$. (6.6)

其中第一个结论,是由 $D \to B$ 和 $D \to A$ 通过中间项 D 得到 $B \to A$,于是,可以相似地得到第二个结论,即由 $C \to B$ 和 $B \to A$ 得到 $C \to A$. 可以看到,在上面的论证中,判定第一个结论"对邻国开战是坏"这个命题非常重要,这是得到最终结论的前提;同时,最终结论的确立和判定是通过其他类似的例证得到的. 这样,亚里士多德就明确地区分了类比和归纳推理:

因此,很显然,当两者都属于同一个词项,其中一个被知道时,则这个例证所代表的不是部分与整体,或整体与部分,而是一个部分与另一个部分的联系. 它与归纳不同.

可是,如果能够基于两个类进行推理,那么,这两个类的事物必然有某些相似之处;这个相似之处不是表现在形式上的,而是表现于性质;很显然,相似之处越多,则推理越具有可靠性.穆勒注意到了这一点,虽然他认为类比法与归纳法还是有区别的[①]:

最严格的归纳与最弱的类比一样,都是从 A 与 B 在一个或多个属性上相似推论在某个别的属性上也相似.区别在于,在真正的归纳中,通过适当的事例比较可以显示,前面的属性(即 A 已知的一个或多个属性)和后面的属性(即 A 中推论得到的属性)有一种恒定的关联,而在所谓的类比推论中,则没有这种关联.

但是,他相信:如果两个类的性质相似之处足够多,那么,类比法与归纳法就接近了.最后,穆勒就把可以通过已知推断未知的这样的推理都认为是归纳推理.我想,在穆勒上面的述说中,"在类比推理中没有这种关联"这个命题是值得推敲的."在 A 与 B 之间没有这种关联"这个命题是确实的,但通过类比推理不仅得到了 B 中的结论,并且认定了 B 中前后属性之间的关联,这种关联必然类似 A 中前后属性的那种关联,我们从前两节几何学的例子就能够充分理解这一点.

事实上,不仅仅从推理的性质,并且从推理的形式上,几乎所有的基于两个类的归纳推理都可以转换

▶ 问题的本质不在于两个类中某些形式的相似,而在于两个类中性质的推理规则相似.

---

① 参见:邓生庆,任晓明著.归纳逻辑百年[M].北京:中央编译出版社,2006:66～67.

第六讲 基于两个类的归纳推理

为基于一个类的归纳推理,只是需要重新调整类的划分.分析亚里士多德的(6.6)所示的推理模式,我们重新划分类,把(6.6)中的 B 作为分类的基准,即"对邻国开战",那么,C 和 D 都是这个类中的元素.我们发现元素 D 具有性质 A,即"底比斯攻打富奥克斯是坏",于是推断元素 C 具有性质 A,即"雅典攻打底比斯是坏".这显然是(4.1)或者(4.12)的推理模式.我们在这一讲的前两节所讨论的具体例子都可以作这样的变形.比如,曾经讨论过的几何的问题,虽然我们是借助低维空间的情况,通过"类比"推断高维空间的情况,但是,也可以笼统地进行 n 维空间的一般性思考,从而把问题归为一个类进行思考.再比如,股票价格的问题,以及彩票中奖的问题,都可以类似地处理.

◀ 几乎所有的类比都可以通过这样的调整,化为经典归纳推理模式.

◀ 但一般性的思考则丧失了几何直观.

能够把基于两个类的归纳推理转换为基于一个类的归纳推理的原因就在于,那两个类都具有相似的性质,比如(6.1)和(6.4)中类 A 和 B 都具有性质 a, b 和 c,于是我们就可以利用这些性质作为分类准则把两个类"合并"为一个类.特别是,我们在这一讲的开头部分曾经反复强调,虽然讨论的是基于两个类的归纳推理,但并不是对两个类中事物的性质进行同时推理,而是参照一个类中事物的性质推断另一个类中事物的性质,我们更关心的是推理过程的某种相似性.在这里,我不得不再次提到《墨经》这部中国古代的杰出著作,因为其中对类比谈得非常透彻,我们摘录其

◀ 中国先哲的许多论述是相当精辟的,是富有启发的.

中的两段①：

从一个类的已知可以扩展到两个类的已知，关键在于比较.……在描述事物时，应当用已知来推测未知，而不能用未知来猜测已知，这就好比用已知的尺来度量未知的长度.

在进行分类时，可以把事物归为一个大类，也可以分为若干小类，关键是依据统一的共性还是各自的特性.比如计算牛和马的数量，如果关注统一的共性，那么牛和马可以归为一类，称其为四条腿的动物，统一计数；如果关注各自的特性，那么牛和马就是两类，分别计数.

其中第一段解释了类比的思想，可以看到，这个解释是非常清晰的.第二段与我们上面的分析是一致的，即以两个类相同的性质作为标准，也可以构建一个新的类.

> 为了教学的目的，我们往往需要突出思维的特色.

即便如此，我仍然认为在数学的具体教学过程中，还是把类比法与归纳法分开更好一些.因为在类比法中涉及的两个类是已经存在了的，是被学生通常认为有区别的.正是因为有了这个区别，才可能出现有趣的联想，才可能出现思维的跳跃.让学生感悟这

---

① 参见：《墨经》经下72，原文为：闻所不知若所知，则两知之，说在告.……夫名，以所明正所不知，不以所不知疑所明，若以尺度所不知长．和《墨经》经下13，原文为：区物：一、体也．说在俱一、惟是．俱一，若牛马四足．惟是，当牛、马．数牛、数马，则牛马二．数牛马，则牛马一．

第六讲　基于两个类的归纳推理

个思维的跳跃过程,有利于培养学生的直观判断能力.比如,上面讨论过的几何问题,虽然可以直接讨论 n 维空间的情况,然后用 2 维以及 3 维空间的情况举例说明,但是,更好的教学过程应当是先讨论 2 维空间的情况,然后类比到 3 维空间的情况,最后抽象出一般 n 维空间的情况.可以看到,后一种教学过程更富有启发性,适于让学生体会一个联想的过程,从而让学生体会一种创造的过程.

◀ 仅限于概念和形式的教学是刻板的,不利于培养学生的想象能力和抽象能力,这不符合第一讲所论证的结论.

人 名 索 引

注：按照名字第一个字母出现的前后顺序排列，中国人按照姓名的汉语拼音顺序排列。

A.

Aristotle，亚里士多德，前384～前322，古希腊哲学家、科学家，形式逻辑的奠基人. …… 6

Allan Charles Wilson，阿兰·查尔斯·威尔逊，1934～1991，新西兰生物学家. ………… 18

Albert Einstein，爱因斯坦，1879～1955，德裔美国科学家，现代物理学的开创者. …… 37

Atiyah，阿蒂亚，1929～　，英国数学家. ……………………………………………… 114

C.

Charles Darwin，达尔文，1809～1882，英国生物学家，进化论的主要奠基人. ………… 16

Cauchy Auqustin～Louis，柯西，1789～1857，法国数学家和力学家. ………………… 126

Chebychev，切比雪夫，1821～1894，俄罗斯数学家. ………………………………… 176

Charls Dow，查理斯·道，1851～1902，道·琼斯公司的创始人. ……………………… 255

陈景润，1933～1996，中科院院士、世界著名解析数学论学家. ……………………… 122

D.

David Hume，休谟，1711～1776，18世纪英国哲学家、历史学家、经济学家、近代
　不可知论的著名代表. ……………………………………………………………… 11

Descartes，Rene，笛卡尔，1596～1650.，法国哲学家、物理学家、数学家、生理学家. …… 25

David Hilbert，希尔伯特，1862～1943，德国著名数学家. …………………………… 95

Dirichlet，丢番图，约公元前250年左右，古希腊数学家. …………………………… 124

Dirichlet，狄利克雷，1805～1859，法国数学家. ……………………………………… 126

Demokritos，德谟克利特，约公元前460～前370，古希腊伟大的唯物主义哲学家. …… 179

邓小平，1904～1997，新中国第三代领导人，政治家、军事家、外交家. ……………… 188

E.

Euclid of Alexandria，欧几里得，约前350～前275，古希腊数学家. …………………… 5

Enst Cassirer，恩斯特·卡西尔，1874～1945，德国哲学家、哲学史家. ……………… 23

人名索引

E·Galois,伽罗华,1811~1832,法国数学家. 72

F.

F. L. C.(Frege,Friedrich Ludwig Go~ttlob)弗雷格,1848~1925,德国数学家、逻辑学家、哲学家,数理逻辑和分析哲学奠基人. 9

F. H. C. Crick,克里克,1916~2004,英国生物物理学家. 56

F. Bacon,培根,1561~1626,英国哲学家、科学家、现代生活时代的始祖. 60

Felix Klein,F·克莱因,1849~1925,德国数学家. 87

Frey 弗赖,1944~,德国数学家. 127

Fisher,费歇,1890~1962,现代统计学奠基人、英国统计学家. 164

Franklin Delano Roosevelt,富兰克林·德拉诺·罗斯福,1882~1945,曾任美国总统. 150

范仲淹,字希文,989~1052,北宋苏州吴县(今江苏苏州市)人,政治家、思想家、文学家,宋明理学先驱者之一. 39

G.

Gordon GallupJr,盖洛普,美国心理学家. 16

Goufried Wilhelm leibhiz,莱布尼茨,1646~1716,德国自然学家、数学家、物理学家、历史学家和哲学家. 88

Georg Friedrich Bernherd Riemann,黎曼 1826~1866,德国数学家、物理学. 91

Goldbach,Christion,歌德巴赫,1690~1764,德国数学家. 121

Godel,kuit,哥德尔,1906~1976,美籍奥地利数学家、逻辑学家. 129

Ulysses Simpson Grant,格兰特 1822~1885,美国军事家、政治家. 154

Gouss,高斯,1777~1855,德国数学家. 164

Gregor Johann,Mendel,孟德尔,1822~1884.奥地利遗传学家、遗传学奠基人. 183

Galileo,伽利略,1564~1642,意大利物理学家、天文学家和哲学家,近代实验科学的先驱者. 194

Glive Granger,格兰杰,1934~ ,英国经济学家. 218

G. perelman,佩雷尔曼,1966~ ,俄罗斯数学家. 250

公孙龙子,相传字子秉,约公元前 320 年至前 250 年间,中国战国时期魏国(今河南省北

部)人,哲学家. …… 6

H.

H. A. Lorentz,洛伦兹,1853~1926,荷兰物理学家、数学家. …… 37

Heisenberg,海森堡,1901~1976,德国物理学家. …… 224

H. M. Collins,柯林斯,1943~　,英国科学家、哲学家. …… 228

H. Poincare,庞加莱,1854~1912,法国数学家,现代拓扑学奠基人. …… 250

H. C. Andersen,安徒生,1805~1875,丹麦作家. …… 55

黑泽明,1910~1998,日本电影导员. …… 41

华罗庚,1910~1985,江苏省金坛人,著名数学家,中国解析数论、矩阵几何学、
　典型群、自安函数等多方面研究的创始人和开拓者. …… 10

I.

Immanuel kant,康德,1724~1804,德国哲学家、德国古典哲学创始人. …… 36

Isaac Newton,牛顿,1643~1727,英国伟大的数学家、物理学家、天文学家. …… 56

J.

John Von Neuman,冯·诺依曼,1903~1957,美籍匈牙利人、美国数学会主席. …… 29

John Locke,洛克,1932~1704,英国哲学家、经验主义的开创人. …… 50

J. D. watson,沃森,1928~　,美国人,分子生物学家. …… 56

J. Liouville,刘维尔,1809~1882,法国数学家. …… 73

J. Thompson,汤普森,1932~　,美国数学家,获1970年菲尔兹奖. …… 74

J. Tits,梯茨,1930~　,法籍比利时数学家. …… 74

John Maynard Keynes,凯恩斯,1883~1946,英国经济学家,20世纪最
　有影响力的经济学家. …… 155

Jacob Bernoulli,雅各布·贝努利,1654~1705,瑞士数学家. …… 175

J. Kepler,开普勒,1571~1630,德国天文学家,行星运动定律的创立者. …… 241

金岳霖,1895~1984,中国哲学家、逻辑学家. …… 59

K.

Karl Marx,卡尔·马克思,1818~1883,哲学家、理论家、经济学家、
　马克思主义创始人. …… 21

K. Pearson,卡尔·皮尔逊,1857~1936,英国统计学家、现代统计

人名索引

　　学的奠基人. ··· 190

孔子,公元前551年～公元前479年,中国春秋战国时期鲁国人,

　　大思想家、教育家. ·· 199

L.

Lucien Levy～Bruhl,列维～布留尔,1857～1939,俄裔法国社会人类学家、哲学家. ··· 13

Laplace,拉普拉斯,1749～1827,法国数学家、天文学家. ························· 158

Leukippos,留基伯,约公元前500年～前440年,古希腊哲学家. ····················· 179

M.

Mandel brot,蒙德尔布罗,1924～　,法国数学家. ·································· 230

Morris·kline,M·克莱因,又译做莫里斯·克莱因,1908～1992,美国

　　数学史家与应用数学家、数学哲学家、应用物理学家. ·························· 241

N.

N·H Able,阿贝尔,1802～1829,挪威数学家. ····································· 74

N·Copernicus,哥白尼,1473～1543,波兰天文学家、现代天文学创始人. ············ 241

Nicolas Bourbaki,尼古拉·布尔巴基,20世纪一群法国数学家的笔名. ·············· 92

P.

Plato,柏拉图,前427～前347,古希腊哲学家、教育家. ···························· 6

Pierre Paul Broca,皮埃尔·保罗·布络卡,1824～1880,法国外科医生、

　　人类学家、现代脑外科技术的创立者. ·· 26

Pierre Simon de Fermat,费马,1601～1665,法国数学家. ························· 123

Q.

钱学森,1911～2009,浙江杭州人,杰出的科学家,中国航天事业的奠基人. ········ 48

R.

Richard E. Leakey,理查德·利基,1944～　,英国人,其家族以研究古生物学著称. ··· 17

Ribet,贝特,1947～　,美国数学家. ·· 127

Russell Bertrand,罗素,1872～1970,英国著名哲学家、数学家、逻辑学家. ········ 189

R. Carnap,卡尔纳普,1891～1970,德国逻辑学家. ································ 156

Robert Engle,恩格尔,1942～　,美国经济学家. ·································· 218

Reichenbach,莱欣巴特,1891～1953,德籍美国哲学家. ····························· 176

267

S.

Socrates,苏格拉底,公元前469～公元前399,古希腊著名哲学家. ……………… 7

Stanislas Dehaene,德阿纳,1965～ ,法国认知神经学家. ……………… 27

Shimura,志村,1930～ ,日本数学家. …………………………………… 128

T.

Terrence.eacon,特伦斯·肯迪,生卒年不详,美国马萨诸塞州贝尔蒙特
　　医院的神经学家. …………………………………………………… 23

田忌,字期,又曰期思,生卒年不详,战国初期齐国名将. ……………… 100

Taniyama,谷山,1927～1958,日本数学家. ……………………………… 128

V.

Viete,Francois,韦达,1540～1603,法国16世纪数学家. ……………… 65

Vincent Sarich,saliqi,萨里奇,加州大学人类学系教授,曾师从威尔逊. …… 18

W.

Willian H. Calvin,威廉·卡尔文,1939～ ,美国知名物理学家. ……… 34

汪曾祺,1920～1997,江苏高邮人,师从沈从文,作家. ………………… 39

Wilhelm. Wundt,冯特,1832～1920,德国心理学家、实验心理学创始人. …… 41

Samuel Standfield Wagstaff,Jr 瓦格斯塔夫,1944～ ,美国数学家和
　　计算机学家. ………………………………………………………… 127

Wiles,怀尔斯,1953～ ,当代著名的英国数学家. ……………………… 128

Wolfskehl,沃尔夫凯尔,1856～1908,德国药剂师. …………………… 127

Y.

杨辉,生卒年不详,中国南宋时期杰出的数学家和数学教育家. ………… 161